战胜焦虑

李宏夫◎著

SPM 南方传媒 | 广东人民出版社
·广州·

图书在版编目（CIP）数据
战胜焦虑 / 李宏夫著． -- 广州：广东人民出版社，
2024.9.--ISBN 978-7-218-17828-8
Ⅰ．B842.6-49
中国国家版本馆 CIP 数据核字第 2024VZ5167 号

ZHANSHENG JIAOLÜ
战胜焦虑

李宏夫 著

出 版 人：肖风华

责任编辑：李力夫
责任技编：吴彦斌 唐于鹏
装帧设计：WONDERLAND Book design
仙境 QQ:344581934

出版发行：广东人民出版社
地 址：广东省广州市越秀区大沙头四马路 10 号（邮政编码：510199）
电 话：（020）85716809（总编室）
传 真：（020）83289585
网 址：http://www.gdpph.com
印 刷：北京彩虹伟业印刷有限公司
开 本：880mm×1230mm 1/32
印 张：7.5 字 数：110 千
版 次：2024 年 9 月第 1 版
印 次：2024 年 9 月第 1 次印刷
定 价：48.00 元

目 录

Contents

01

觉知，既是起点也是终点

02

被焦虑“偷走”的能量包

03

焦虑，只是放错位置的财富

04

“完美主义”与“容错”的博弈

05

失眠不可怕，可怕的是害怕失眠

06

再见，焦虑

07

14 天战胜焦虑症自愈训练方案

01

觉知，
既是起点也是终点

第一节

焦虑治疗最有效：复杂问题，简单办

俗话说得好："复杂的问题，简单办，你就是专家。"有时候，最有价值的道理其实是最简单、最平常的道理。"大道至简"是一种哲学，也是一种境界，就像读一本书，初读是从简单到复杂，再读是从复杂到简单，最后读熟了就只剩一个"纲"了，这就是"简"的哲学。在当今社会的纷纷扰扰中，我们要学会把复杂问题简单化，用智慧创造"简单"。

曾经有一位心理学家，做过这样一个小测试：要求30名受试者，尽可能设想未来7天内所忧虑的"烦恼"并写下来，然后投进一个密封的"烦恼箱"中。一段时间后，打开箱子，让受试者对曾写下的"烦恼"逐一核对。结果表明，人们所担心的大部分"烦恼"，实际上并未真正发生。

那些看似复杂繁多的烦恼，可能只是自己设想出来的“大忧愁”，何不化繁为简，顺应自然？就像春季虽然高空还持续着冬季属性，但地面已经开始回暖，在对流作用下，地面风力会增大，是最适宜放风筝的季节，我们借力发力，风筝便可顺应自然，飞得既高又稳。

从唯物辩证法的角度来看，解决问题要抓住事物的主要矛盾。就像多米诺骨牌效应，在一个相互联系的系统中，一个很小的初始能量就可能产生一系列的连锁反应。所以，完成好当下的每一步，才是最关键的，也是最简单的。我们也是一样，不思过去，不惧未来，活在当下，剩下的问题都会迎刃而解。

从宇宙宏观天体到微观粒子，也都遵循自然法则，亦即客观规律。自然法则就是宇宙间一切存在和运动固有的、本质的基本法则，不以人的意志为转移。人作为宇宙的一部分，当下的活动每分每秒都遵循着自然法则。活在当下，就是顺应自然法则的一种表现。

因此，焦虑不安等问题的解决，只要遵循“自然法则”，即可“化繁为简”。

第二节

“0.018 秒”的启示

古希腊哲学家赫拉克利特曾提出“一切皆流，无物常住”的运动变化思想。他说：“人不能两次踏进同一条河流。”事实上，当人第二次进入同一条河流时，第一次经历的水早已流过，正在经历的是新的水流。

小婴儿刚出生时，非常娇嫩可爱，10 年，20 年，30 年，60 年……慢慢变成了一位老者。是什么魔法让他一夜间变成老者的吗？当然不是。

世间的万事万物，都处于不断运动和变化中，从生起到灭去，再生起再灭去，从没有哪一种事物是永恒不变的。一切都是生灭的变化过程。从宇宙星球，到物质分子或人体细胞，都是如此。我们体内的细胞组织，每一刹那都在变化、更新，这就是生老病死无常变化的自然现象。

那么一刹那是多长时间呢？在佛教中，刹那是最短的时间单位，一刹那仅有 0.018 秒，可见刹那的短暂，是人很难在意识层面捕捉到的。宇宙万有，都是一刹那一刹那的渐变，累积成最终的突变。

当美好的事物出现时，我们会产生愉悦的感受，但倘若你沉迷于这种感受中，你就会迷失在时间的横流中。随着时间的变化，这种愉悦的感受会慢慢消失，由此又会产生“失去”的新感受，接踵而来的可能就是难过、失落等坏情绪，但这些情绪也会随着时间的推移，慢慢消失在生活的点滴中。这就是“无常”的自然法则。

“无常”似乎令人难以接受。它让我们拥有，又令我们失去；它让我们喜悦，又令我们悲伤。它总是在变幻莫测中夺走我们所执着的幸福，而我们却显得手足无措。难道无常就是要让人痛苦吗？这绝不是佛陀所开示的无常的法义。相反的，他是要让我们认识无常，看透无常，超越无常。让我们懂得该以什么样的态度面对无常，懂得怎样在无常的得失间保持一颗平衡平稳的心，懂得怎样消除因执着而造成的种种痛苦。

喜怒哀乐涌动在我们生命的每一个角落。如果我们懂得怎样用一颗无常的心看待一切，想想看，烦恼还会持续多久呢？

第三节

觉知，既是起点也是终点

网络评选出的世界最新“十大奢侈品”：

1. 生命的觉悟；

2. 一颗自由、喜悦、充满爱的心；

3. 走遍天下的气魄；

4. 回归自然，有与大自然连接的能力；

5. 安稳平和的睡眠；

6. 享受真正属于自己的空间和时间；

7. 彼此深爱的灵魂伴侣；

8. 任何时候都有真正懂你的人；

9. 身体健康，内心富有；

10. 能感染并点燃他人的希望。

没有一项与有价商品相关。

怎么理解奢侈品？大致金钱买得到的，都不能称为“奢侈品”。只有关乎人之内在、关乎精神能量的，才能被赞誉为奢侈品！

万物，皆是心的映射。无论是生活方式、行为模式，还是思维方式，无一不是“心”的运作模式下，精神能量的产物。可见，我们更要从“心”出发，向内思考。

首先，在心中画出一条 X 轴，横坐标表示时间，左侧代表过去，右侧代表未来。

然后，画出 Y 轴，纵坐标表示个体。

X 轴和 Y 轴的交点即原点，而原点就是当下。

“当下”永远在变化，X 轴前一刻的 0，下一刻就成了 -1，而这一刻的 0，就是上一刻的 $+1$。

现实存在的身体，时刻都行走在 X 轴上，身处当下。而心，却向前回忆过去，向后思虑未来，时常处于游离状态。如此的身心不一，如何能坐拥这些奢侈品呢？

原点既是当下，让心回到原点，一切即可迎刃而解。那么如何让游离的心活在当下呢？修炼你的觉察能力，以觉知的心观照当下，不做妄想评判，这样心就会与当下连接，与身体同在。觉知，就是如其本然地知道、清楚、了解，不做分析、判断、联想，它不是过去的，也不是未来的，过去的是回忆，未来的是想象，觉知就是当下。

保持觉知，活在当下，让身心融为一体，才能享有真正的平和，真正的快乐！

觉知，既是起点，也是终点。

第四节 日日是好日

17 世纪西藏的藏传佛教大师策列那措让卓认为，不要执着意念的生起，不要由此形成概念，不要接受或拒绝它们。

执念，非此即彼的二元对立，非对即错、非好即坏。它是头脑层面的游戏，是心在作怪，是思维的产物。它的本质是不好不坏、没有好坏之分的。或者说，分别本身没有错，错的是分别之后的执取。

王阳明讲："无善无恶心之体，有善有恶意之动。知善知恶是良知，为善去恶是格物。"这四句话影响中国文化数百年。如这个正解所说，我们的心本来是没有善也没有恶的，有善有恶是你的思想在活动。也就是说，首先是起心，起心之后就有了善恶之分。

就好比你很喜欢妻子乌黑的长发，可如果你发现妻子的秀发在你的早餐碗里，你会作何反应呢？事物本无好坏之分，在你起心动念之后，就产生了分别，当我们由原本的事物，产生心念活动的时候，就把这种心念加在事物上了，这个“念”就有了“善”与“恶”的差别。

我们头脑中的念头，如同心海中的气泡，每个念头都是平等地出现在心海里。比如我们见到开豪车的人和开便宜车的人，都应以一颗平等的心对待，因为“开豪车的人”和“开便宜车的人”，这样的念头没有本质的区别，都只是一个念头而已，都是平等出现的。但在每个念头出现后，我们会加入个人的价值观或者说是固有观念，进而产生连锁念头，分别心就随之产生了，就会觉得，开豪车的人有地位、很富有，开便宜车的人地位低下、没有钱。

头脑中的念头，经过分别之心产生了执着，反映在对待的行为上就变得不再平等，导致我们的心也就不再平等了，不平等的内心就会随之产生烦恼。于是我们就会被一个接一个的烦恼纠缠，不再快乐。

面对生活中的烦恼，我们都要在心念上平等地对待，有了平等心我们才能从容地面对身边发生的种种事情。平等心就是平衡、平稳的心，就是善待自己的每一个念头，“念”平等了，“心”就平稳了，“心”平稳了，我们就不会再产生那么多的烦恼！

所以，在生活中经历痛苦与磨难时，只要我们平等对待每一个念头，不再使之纠缠、打结，保持一颗平等心、平常心，岂不日日是好日？

第五节

小舍小得，大舍大得

一位师父问自己的弟子们："假如让你们烧开一壶水，但烧到一半的时候，你们发现柴不够了，这时，你们会怎么办？"

有一个弟子抢着回答："我会赶紧上山再砍些柴回来。"

又有一个弟子接着说："可以去山下买点儿柴，这样更快些。"

另一个弟子笑着说："你们的办法都来不及，何不先找别人借点儿。"

这时，一个若有所思的弟子慢条斯理说道："师父，师兄们说的方法，都需要时间，柴火随时会熄灭，不如直接把壶里的水倒掉一半，这样，手里的柴就足够把剩下的半壶水烧开了。”

人生的路上，人们习惯的反应模式是：对于已经拥有的东西，要紧紧抓牢，不愿放手，放手则意味着失去。无论是房子、金钱、地位，还是名誉或感情，总想让它们天长地久，永永远远属于自己；当失去的时候，苦苦执着，痛苦不已。

要知道，天地间，星移斗转，物是人非，缘聚缘散，本就是正常现象。拥有的时候，好好珍惜，失去的时候，安心接受。如果执着不放，最痛苦的还是自己。

有的时候，我们想要的可能很多，但是，我们能带走的东西毕竟是有限的。有所取舍，是必须做出的选择，只有舍掉一些东西，才能带走新的东西。

有一个词，叫作“舍得”。舍得，舍得，有舍才有得。

在自然界，树舍灿烂夏花，得华实秋果；壁虎舍其尾，得其命。

回想一下历史上的名人，李白舍了仕途，得到“诗仙”之名流传千古；鲁迅舍了医术，以笔为剑唤醒国人，得后人爱戴。

在成功的路上，更需要有所取舍。世界歌坛巨星帕瓦罗蒂，上学时非常痴迷音乐，在他即将从师范院校毕业时，他不知该如何选择，便问父亲："我是当老师呢，还是做歌唱家呢？"他的父亲亲切地告诉他："如果你想同时坐在两把椅子上，可能会从两把椅子中间掉下去。生活要求你只能选择一把椅子坐上去。"

帕瓦罗蒂的父亲在他人生的十字路口上，为他指点了迷津，最终帕瓦罗蒂选择了"歌唱家"这把椅子。经过十几年的不懈努力，帕瓦罗蒂终于登上了大都会歌剧院的舞台，获得举世瞩目的成功。试想如果帕瓦罗蒂当初没有立即做出抉择，既想当老师，又想当歌唱家，在这种心态的支配下，他哪样也不会做得出色。

那么，到底该如何取舍呢？

在选择之前，要静下心来，想清楚，自己真正需要的是什么。世人习惯以价格的高低来评判取舍的结果。但事实上，有时候，选择贵的，不一定是正确的。比如，20公斤的黄金肯定比20公斤的清水价格高，但是，当你身处一望无际的沙漠中，需要10天甚至更长时间才能走出去，这时候，选择20公斤的清水，显然比20公斤的黄金更能保全自己的性命。

自然界中没有什么东西是永远不变的，我们的选择也是如此。有时候，选择是会因环境而变化的，只要在当前的情况下最适合，那就是最正确的。

人生这场单程旅行，是一个不断选择的过程，而选择中的“舍得艺术”，则是一种升华人生的智慧。舍是一种本领，也是一种态度，更是一种境界。舍得，舍得，舍在前，得在后，先舍，然后才有得。

“舍”与“得”虽然是反义词，却表现了一种两面性，它们是既对立又统一的。不“舍”不会“得”，能“舍”才能“得”，小舍小得，大舍大得，这就是人生的真意。

第六节

传承——中医观点说心理

中医认为，天地是个大宇宙，人身是个小宇宙，天人是相通的，人无时无刻不受天地的影响，就像鱼在水中，水就是鱼的全部，水的变化，一定会影响到鱼。同样，天地的所有变化也都会影响到人，人与自然是紧密相连的，人的一切都受着自然界的影响。

所以，中医治病往往讲求“天时地利”，遵循“自然”之道。什么是“自然”呢？这里着重强调“自然规律”。自然规律是自然界本身发展变化的规律，它是不以人的意志为转移的，也叫自然法则。四季的更替、太阳的东升西落都是自然规律。

活跃在自然界的万物，包括人，只需在自然规律下行事：春生、夏长、秋收、冬藏，便能和谐美好、自在祥和地生活。

春分时太阳直射赤道，虽然这个时节，风可能还是凉的，却不再是凛冽刀削般的感觉。这便是“春”的自然升腾之气。在春的气息下，万物复苏，树绿了，草青了，人的气血也上升了，这一切都在顺应着自然规律。

中医的核心思想，永远是顺应自然的养生观。不少中医大夫会顺应时气，建议胆小怕事、优柔寡断的人，在春季吃点儿辛辣食物或者喝点儿酒，借助春的“气”让他“升发”起来。

同样，顺应自然的科学观对心理疾病的调节，也起着至关重要作用。我们的身体和心灵是不能分离的，精神不是独立于肉体之外的无形之物，而是有着以大脑为主体的完整精密的生物学机制。人类的所有复杂情感，都和大脑有着密切的对应关系，我们需要遵循身心一体的自然规律。

如果抛弃了顺应自然的生命观，一定是无源之水、无本之木。所以，顺应自然、天人合一的修心养性智慧，是从根本上远离身心疾病的关键，亦可达到修养身心的目的。

02

被焦虑
“偷走”的能量包

第一节

两种独特的个体——身体能量

有些朋友的焦虑与自身的性格有关，凡事追求完美，总希望自己能变得更好，一直不停地给自己压力，不断地比较，怕自己比别人差，怕自己不够好、失去别人的喜欢。这种性格，可能和从小的家庭教育方式有关。很多人从小就是一个听话、懂事的孩子，以优秀的成绩、不断的进步来博取父母和老师的喜爱、同学的赞美。当这样的孩子长大以后，尽管自己已经很优秀了，但潜意识里，还是会认为自己不够好，尤其是不能引起自己认为“重要的人”关注或喜欢时，这种想法可能使其价值感扫地、焦虑无比。

我们先看这样一则寓言故事。

老师问学生：“天空大吗？”

学生答道：“很大，无边无际。”

老师又问：“那树上的树叶大吗？”

学生毫不犹豫地说：“和天空比起来，很小。”

老师继续问道：“天空能遮蔽人的双眼吗？”

学生想了想说：“当然不能啦。”

老师又追问：“那树叶能遮蔽人的双眼吗？”

学生笑笑说：“我把树叶放在眼前，当然就可以！”

所以说，遮蔽我们视野、阻碍我们成长的，往往是眼前的小事情、身边的小挫折。如果整座森林都枯萎了，我们想让整座森林恢复生机，必须从浇灌每一棵树开始，只有每一棵树都健康成长，整座森林才有希望。

在我的来访者中，有一名大四女生小蓉（化名），本来长得很好看。可她却一直为自己的相貌苦恼，她觉得自己的眼睛不够大、鼻子不够高、下巴不够尖，想通过整容手术变成自己理想中的样子。但是家人极力反对，父母认为根本没必要整容，手术有风险不说，费用也极高，以家里的条件承担不起。

于是，小蓉每天生活在“自己容貌不完美”的想法中，无法专心实习，也不想去投简历参加面试。每当她看到镜子里的自己，仿佛会有个声音提醒她：“你不够漂亮，你不够美丽，这个样子出去工作，不会有人愿意录用你，也不会有男生喜欢你，你这辈子就这样完了。”

咨询中，我让她认真想出 3 名她认为最漂亮的女明星，又选出 3 名最帅的男明星，然后问她：“你觉得他们在你心中是最帅、最漂亮的，那么，你是否认为，在别人眼里，他们也是最帅、最漂亮的？”小蓉说：“当然啦，他们就是最帅、最漂亮的，如果我有那么漂亮就好了。”

我没有否定她的答案，只是让她回去后上网观察一下这些人的微博，看看下面的留言区，是否有一些不同的声音。

几天以后，小蓉再次来到咨询室的时候，对自己上次的答案已经没有了自信。她十分气愤地表示：“为什么？为什么某某男星那么帅，还有那么多人黑他，要攻击他、说他的坏话？”

我的答案是，没有为什么。再优秀、再完美的人，也不可能让所有人都喜欢。这是唯一的答案。当你通过整容，改变了现在的容貌，变成自己“理想中”的样子，不可能顶着这个自我感觉良好的样子，就一定会面试顺利，工作顺利，感情顺利，一切顺利。这一切只是你的预期设想，并不是事实。

即使你已经做到最好，也不可能让世界上所有人都认同你，总会有不一样的声音。你再优秀，也总有人会认为你不堪。你再不堪，也有人认为你是唯一的限量版。

潜意识中觉得自己“不够好”，是完美主义的焦虑偷走了你身体的正能量。生命的价值在于自己看得起自己、发展自己、活好自己，而不是被所有人喜欢。切勿因为没有得到所有人的掌声而自暴自弃。

汇聚正能量，做最真实的自己，追求马斯洛人类需求五层次理论的最高层“自我实现”，你离万众瞩目的成功，还会远吗？

再给大家讲个故事。

从前有个国王，一天他到花园里散步。走进花园，他惊异地看到原来绽放的花朵都凋谢了，树木也都枯萎了，一片没有生机的样子。于是，国王疑惑地问管理花园的园丁："这里到底发生了什么？"

园丁无奈地摇着头说："回禀国王陛下，橡树觉得自己不如松树那样高大挺拔，自暴自弃而死；松树又感觉自己不如葡萄能结出丰硕的果实，嫉妒而死；葡萄则是因为不能像桃树盛开鲜艳的花朵，需终日依偎在架子上，哀怨地死去了；牵牛花也越来越郁郁寡欢，终于也病倒了，因为它嫌弃自己没有紫丁香那样芳香，剩下的植物也都因为自己的平凡萎靡不振。"

国王绕着花园转了一圈，发现在花园的角落里，有一株又细又小的心安草正坚强地生长着。于是国王低下头问它："你生长得这般挺拔、坚定，看到你身边的植物都枯萎了，你不担心吗？"心安草自信地回答道："它们各有各的优点，都很出类拔萃，而我乐观、积极，我觉得我也很优秀啊。"

这个寓言故事中的心安草，在平凡中展现了它的优秀，而它的优秀，不是外貌，也不是气味，而是它阳光积极的心态。

是的，大自然中每一株植物都是独一无二的，都有着与众不同的美。哪怕是比小草更渺小的青苔，也有它独特的气质和无人能比的优点。

就像清代诗人袁枚，写的著名诗歌《苔》：“白日不到处，青春恰自来。苔花如米小，也学牡丹开。”

袁枚非常注重生活情趣，也爱观察生活。他在园中种植了许多花草，偶然一次机会，他发现生长在阴暗潮湿处的苔藓，虽然生长在太阳照不到的地方，那么渺小，但到了春天，它一样坚定地破土而出，拥有绿色，拥有生命。

并且，你知道吗？苔也会开花，虽然它的花微小似米，姿态却犹如百花之王的牡丹，尽情绽放。苔不会像牡丹那样引人注目，但它仍然顽强地生长着，认真地把自己最美的瞬间，毫无保留地绽放给这个世界。这不正是我们最值得学习的一种人生态度吗？

如果你是一个西瓜，无论多么努力，都不能成为优秀的南瓜。与其画虎不成反类犬，还不如开开心心、踏踏实实地做一个优秀的西瓜。就像社会心理学讲的，把成败归因于能力、努力程度等内部因素的内控型人，成功的概率会很高；把一切得失都归因于环境、他人等外部因素的外控型人，终将庸庸碌碌一辈子。

我们只需像小草、像青苔，把时间和精力用在努力提升专业技能、发展自身优势上，将这些“身体能量”释放在自己身上，便能活出自信、笃定的自己，焦虑的入侵就再也无机可乘。

第二节

一颗珍珠的思考——精神能量

我们是社会的一员，想要整个社会和谐美好，每个人都有责任。只有每个人都调整好自己的状态，让自己变得淡定从容，不再焦虑，社会上的从众现象也会消失，整个社会自然会和睦融洽。

当然，总会有些人觉得自己怀才不遇、社会对其不公，其实，只不过是他怀的“才”还不够而已。

有这样一个故事：一个自我感觉才华横溢的年轻人，工作中一波三折，总遇到诸多不顺，他对生活失去了信心，觉得活着没有意义。一天，他来到海边，想跳海结束自己的生命。年轻人刚跳到大海里，一个老渔夫就用渔网把他救了上来。

年轻人怒斥老渔夫道："你把我救上来干吗？生活对我不公，活着没有意思，让我死了算了！"

老渔夫和善地说："年轻人，你有什么不顺心的事，以至于要跳海呀？"年轻人对老渔夫哭诉了他的经历。听完年轻人的诉说，老渔夫微笑着说："遇到我，是你的幸运，我有个秘方，专治怀才不遇。"

老渔夫说完，年轻人先是一愣，又急忙问老渔夫的秘方。老渔夫耐心地说："别着急，年轻人，如果你想知道秘方，需要先答应我个条件。"年轻人连忙点头答应了老渔夫的要求。

只见老渔夫从脚下的沙滩上拣了一粒沙子，随手一扔，对年轻人说："你去把我刚才扔的那粒沙子找回来，我就告诉你秘方。"年轻人一听便生气了："你在戏弄我吗？沙滩上这么多沙子，长得都差不多，你让我上哪里找你扔的那粒沙子？"

老渔夫笑了，平和地说："别生气，我还有个条件，如果你做到这个条件，我也可以告诉你方法。我这里还有一颗珍珠，我把它扔到沙滩上，你把它给我找回来。"这次，年轻人很容易就把珍珠找了回来，他把珍珠递给了老渔夫，诚恳地说：“您看，这次可以告诉我秘方了吧？”

老渔夫从容地笑了笑，拍着年轻人的肩膀说：“年轻人，秘方我已经告诉你了，就在刚才！”年轻人沉吟不语，若有所思……

看了这个故事，你是想做一粒沙子还是一颗珍珠呢?在现实生活中与其抱怨社会不公、时运不济，不如去努力提升自己，积累智慧，当你成长为“珍珠”变得足够出色时，赏识你的人自会出现。这个世界上不是没有伯乐，关键在于你是无数沙粒中的一粒，还是在沙滩上能够一眼辨认出来的珍珠。机遇永远留给做好准备的人，你做好准备了吗?

第三节

身体能量转化法
——断舍离

在当今这个时代，焦虑已成为每个人身上的常见符号，如果说，人生哪个阶段最容易焦虑，那无疑是中年。中年人不但要面对上有老、下有小的家庭责任，还要担心逐年下滑的身体状况和来自事业方面的压力。

很多中年人，为了房子、车子、孩子，不得不整天奔波忙碌，加班熬夜是常有的事，到了周末还要陪孩子上各种课外班，丢失了自己的生活圈，还得不到充分的休息，焦虑情绪更是如影随形，不是为房贷发愁，就是为业绩担忧，再就是为孩子能不能上个好大学而焦躁不安。

有人形容自己就像一个不停旋转的陀螺，真怕自己哪天就倒下再也起不来了。还有人不到 40 岁，身体已经出现了各种问题，比如高血压、脂肪肝、糖尿病、胃炎、肾虚等等，头发也过早地离开了自己，看上去比实际年龄大很多。

我的一位来访者朱先生对我说：“感觉身体一年不如一年，以前熬通宵都没事，现在我是真的感觉累了，熬一晚上，好几天都缓不过劲儿来。可是，没办法啊，家里两个孩子，开销太大，房子的贷款也没还清，老婆为了照顾孩子，辞职几年了，双方的老人身体虽说没有大毛病，小毛病一年也得去几次医院，这些都是钱啊，我不拼怎么办？”

是啊，不拼怎么办？可能身边的很多朋友会对你说：“现在嘛，多辛苦点儿，等孩子大了，房贷还清了，就可以不用这么累了。”

可是，却没有人告诉你，想拼也好，努力也罢，倘若没有了健康，其他一切都会归零。

其实，对家人真正的爱，可以换一种计算方式，不是以给家人多少金钱、多少物质享受来证明，而是以身心健康的状态、更多时间的陪伴来爱他们。

有时，孩子希望的不过是你能有时间陪他玩一会儿，能有时间去参加他的家长会，有时间看他的足球比赛，有时间听他说说哪个同学跑步没他跑得快、哪个同学做的飞机模型没有他的威风。

我相信，你的父母也希望能每天看到你回家吃饭，而不是三餐不定，饿出胃病。他们更希望你身体健康、积极乐观。

毕淑敏说："父母在，人生尚有来处，父母去，人生只剩归途。"父母在的日子，好好珍惜，不要等失去了再去后悔，这世上根本没有后悔药，再多的钱也买不来。有时间多陪陪父母，哪怕只是一起吃饭、一起去楼下散步，都是很幸福的事情。

可能有些朋友又会说，如果我不拼，家人的生活怎么办？

三个字：断、舍、离。

断掉无用的社交，舍掉过度消费的欲望，远离负面情绪。

这不是"鸡汤"，而是实实在在减少焦虑的方法。王阳明深谙此道，他说：“吾辈用力，只求日减，不求日增。减得一分人欲，便是复得一分天理，何等轻快脱洒！何等简易！”

当你断掉没必要的社交，会发现你的时间“变”多了，可以陪着孩子成长。当父母是有“有效期”的，真正的时间就那么几年。如果你整天忙碌，忽略了陪伴和沟通，有一天，你会发现孩子和你没话说了，而你说的话，孩子也听不进去，那时候，你再去找心理咨询师，问他：“老师，我的孩子怎么了？”那就太晚了。

当你舍掉过于膨胀的物质欲望，不再攀比，不再为了面子而活，就会发现，原来三百块的手表并不比三万块的手表走得慢，一千块的手机也可以上网，几万块的车照样可以送孩子上学。把攀比的欲望降低，量力而行，不因面子而强撑，你的生活压力会轻很多。

当你把自己从情绪中抽离出来，一分为二地看待事情时，你会发现，自己内心更平和了，血压更稳定了，不再动不动就对人不满，不再因为不起眼的小事对家人火冒三丈。情绪是会在人与人间传递的，把自己的积极乐观传递给最亲的家人，才是最懂得经营生活和家庭的人。

虽然，“断、舍、离”会让你有一段时间的不适，但是，当你做到之后，无论是身体状态，还是情绪状态，或是和家人的关系，都会发生改变。

一家人平平安安，快快乐乐过一生，才是最幸福的事。

第四节

精神能量转化法
——练就接纳

焦虑的时候，通常情况下，你是怎么做的？我相信，很多人在面对焦虑时，是“一顿操作猛如虎，定睛一看原地杵”。

有一个动画短片叫《武士与苍蝇》，它蕴含的寓意，值得所有焦虑的朋友深思。

画面开始时，是一位武士在静坐。一切都非常安静。

这个时候，房间内飞来了一只苍蝇，“嗡嗡嗡”地在武士耳边飞来飞去。武士一刀下去，苍蝇变成了两半。于是一切又安静了。只是，那变成两半的苍蝇开始“自我修复”，变成了两只苍蝇，又开始在武士耳边飞来飞去。武士不耐烦，挥刀下去，两只苍蝇各自成了两半。

可是，问题出来了，所有被劈成两半的苍蝇都变成了两只苍蝇开始飞舞。于是，随着武士的劈砍，苍蝇越来越多，成群结队地在武士身边飞舞。

武士变得烦躁不安，十分痛苦。正当他痛苦不已的时候，他发现一只苍蝇变成了背后画中的一朵花，他突然悟了，于是接着静坐，不再去在意苍蝇了。

当他这样做的时候，一切都变了，苍蝇还是苍蝇，武士还是武士。但是，苍蝇已经不再影响他了，一切归于了宁静。

这个动画中的苍蝇是一个隐喻，它可以是我们生活中的一个念头、一个想法，可以是我们身体的某种感觉，也可以是我们社会交往过程中的某个人、某件事儿。很多时候，我们总是会觉得我们被他人所打扰，被那些念头、想法所影响。

于是，我们就像动画片中的武士一样，拼命想去消除它们。但是，很奇怪，越想消除，烦恼越多，越排斥，痛苦越强烈。于是，我们发展出了很多症状，有的会表现为焦虑，有的会表现为失眠，有的会表现为强迫……

其实，苍蝇就是苍蝇，它并不曾针对你，也并非有意打扰你。它就像武士背后的画一样，都只是自然的一部分。

背后的画为什么不会成为武士的烦恼呢？因为他并不排斥它，他不把画当成一个问题。而武士之所以会被苍蝇所烦扰，是觉得苍蝇在打扰他，于是，苍蝇成了一个问题！但是，苍蝇就是苍蝇，画就是画，一切本自然。

不是苍蝇打扰了武士，而是武士打扰了苍蝇！

最后武士悟到了：一切本自然。烦恼的根源不是苍蝇，而是武士内心想要达到绝对安静的执念。当武士明白了这一点，接纳了苍蝇，就像接纳自然一样，一切回归美好，一切也就平静自然了。

现实生活中，当焦虑情绪出现时，正确的做法就是接纳它，也接纳它的出现，然后，带着这种觉知，做自己该做的事情，不要和焦虑纠缠。当你不去和它纠缠，去认真对待一件事情，哪怕只是打扫卫生、收拾屋子的小事儿，你的心也可以慢慢平静下来。

放下对焦虑的排斥和打压，接纳它、不管它、不理它，它终将消失，就像故事中的苍蝇一样，会转化为画中的一朵花。

03

焦虑，只是放错位置的财富

第一节 焦虑容易受哪些性格因素的影响

经常听到一些来访者问我："老师，听别人说，急脾气的人才容易焦虑，我性子比较慢，并不是人们常说的急脾气，为什么我还会焦虑呢？你能帮我分析一下吗？"

就像有些性格开朗的人也会得抑郁症一样，慢性子的人也会焦虑。

一般来讲，焦虑的产生和急性子慢性子没有直接关系，焦虑的产生和精神活动的方向有关。精神活动向内看的人较为容易焦虑，内看的意思，就是这个人的注意力比较倾向于自身，对自我身心的变化比较关注。

具有这种性格特质的人比较喜欢自我反省、自我批判，容易陷入自我思维的纠缠当中。他们有时就像一个独立于自己身体之外的人，时刻监视着自己的一举一动，对自己的行为和想法保持一种深度的警惕，任何他们不认同的想法或念头，都会受到自己的排斥和评判。

比如，有一位患有社交恐惧的来访者这样自述：“当我和别人交流时，总是会不自觉关注自己的面部表情是否自然，总是思考自己这样会给别人留下什么印象。所以，总是想控制自己的表情，控制自己的情绪，甚至还会去控制……总之，就是会去控制自己，但是，我发现越是去控制，自己的表情越不自然，很僵硬，自己很不舒服，也害怕别人看出自己的尴尬，所以，我越来越不敢与别人交流了，能回避就回避。”

从这段自述里，我们可以看到，焦虑是怎样产生的。除了对自己的内在过于关注之外，还有对自己的身心状态要求比较严苛，容易把一些小事放大，然后就形成心理学讲的“自我攻击”。

他的潜意识中，有过度追求完美的倾向，有过度成功的欲望。因此，在社交过程中出现类似表情不自然、紧张等现象时，会立刻警觉，并且试图通过控制自己的表情等，来达到调整自己、使自己接近内心标准的目的。

在这个过程中，他试图马上消除自己的紧张，让自己的表现趋于完美，但恰恰忽略了一点：任何事情的发展都是有一个过程的，急于求成只会让自己变得更加焦躁不安。这种过度的完美主义及对自我状态的过度关注，容易让一个人陷入内心的冲突。由此会出现两个负面的表现，一是对自我的攻击，另一个是缺少现实体验的经验。

先说自我攻击。比如上面所讲的来访者，在社交过程中紧张，相信大家在社交过程中，或多或少都体验过这种紧张。但是，一般人的注意力是向外的，他们不会对自己的内在有过多的关注。他们的注意力往往放在外部具体跟人交往的事情上或技巧上。不去过于关注自己是否自然，也不去评判自己，而是把当下的事情做完，把话题进行下去，注意力放在话题本身之上，这样反而不会有焦虑产生。

再说缺少现实的经验体验。正是因为对自己的内在过于关注，头脑的注意力都放在跟自己的症状纠缠上了，无暇顾及现实的生活。而一次一次压抑、一次一次挣扎只会让人陷入更深的不安及烦躁之中。这种特质会直接影响到人的现实生活。最后的结果就是，不仅内在冲突不断升级，外在的现实生活也陷入混乱中，内在和外在不断恶化，最终陷入恶性循环中无法自拔。

导致焦虑的性格因素，只是一方面，我们更应该从现实出发，不管是什么因素导致的焦虑，都应该积极调整。相信通过本书接下来介绍的方法，你会收获颇多。

第二节

越用力，越焦虑

在我给学员做辅导时，经常听到他们说，“感觉好烦啊，越想忘了这些烦心事，越忘不掉，人为什么会那么奇怪？”

要知道，有时候我们很想忘记一些不好的事情，但是，那些想法仿佛在和我们唱反调，越是想忘记它们，越是记忆深刻，越用力不去想，越会产生更多焦虑。

这一点，有过失眠经历的朋友，应该深有体会。

当晚上睡不着的时候，你越想快点儿入睡，越睡不着，有时还急得出了一身汗，狼狈不堪。而当你想尽各种办法都没睡着时，你想：“算了，睡不着就睡不着吧！”这时你不去和“快点儿睡着，快点儿睡着”这种想法较劲儿的时候，反而放松下来并很快睡着了。

这就是事实的真相，越用力，越焦虑，放松了，反而好。

有这样一位母亲，她用一个简单的动作让自己的孩子体会了什么是放松，你也可以来体验一下。

她对自己的孩子说："现在攥紧你的拳头，告诉我，你有什么感觉？"

孩子攥紧了拳头，告诉母亲："有些累！"

母亲又说："你试着再用力一些！"

孩子按照母亲说的，又把拳头攥得更紧了，脸憋得通红说："我现在更累了，还有点儿憋气的感觉！"

母亲连忙说："现在，你放开拳头，看看有什么感觉？"

"啊，现在好多了，很轻松！"孩子立刻长出了一口气说道。

当你感觉焦虑的时候，也是如此。你越是用力想赶走它，不让它出现，你越会焦虑。而当你放开它、不管它、不理它时，你才能体会到真正的轻松。

丰子恺先生在《不宠无惊过一生》中说："不乱于心，

不困于情。不畏将来，不念过往。如此，安好。”

而这个世界上最亏本的事情，就是为尚未发生的事情而担忧，为自己想象的结果而焦虑。所以，想要摆脱焦虑、远离情绪困扰，我们要做的也非常简单，那就是活在当下。

曾经有一位学员问我：“老师，为什么我那么努力去练习了，在生活中，还是会出现不好的情绪，为什么这些负面情绪没有消失呢？”

这位学员把练习方法当成了消除负面情绪的工具，是为了消除负面情绪而练习，当感觉快乐的时候，会觉得方法管用。于是想：“我再努力练习一下，是不是就会快快乐乐过一辈子，永远不会再有坏情绪出现了？”

要清楚，不是把所有不好的情绪都消灭了，我们才能活好这一生。情绪有好有坏，它们随时会出现，就像天空随时会下雨一样正常。你不想被雨淋湿，只需要带好雨伞，何必要想办法消灭所有的乌云、让天空不再下雨呢？

人生真的不必太用力，努力本身并无错，只是对结果过于执着，造成了我们内心的失衡；认真对待过程，安心接受结果就好。

第三节

焦虑，只是放错位置的财富

焦虑是一种综合的情绪状态，具有忧虑、害怕、紧张、烦躁、不安等特点。焦虑给人的体验并不美好，它让人坐立不安，心情烦躁，甚至抓狂崩溃。

它遭人嫌弃和厌恶，没有人想活在焦虑中。

但是，你知道吗，有时候，焦虑对我们是有益的。比如，它可以保护我们，当遇到危险的时候，焦虑反应有预警作用，是我们保护自己的一种本能。

远古人类的焦虑来源于需要抵御野兽和疾病的侵袭，以维护人类在自然界安全地生存。

比如，在野外遇见一只狼，人们会感到紧张、害怕，还会有心跳加速、出汗等生理反应，这种焦虑反应完全是有益的，它能激发和调动人的能量，应对突发事件对生命的威胁，从而增加人的生存机会。这是焦虑对于我们的第一个益处：它有预警作用。

到了现代社会，我们已经很少会遇到野兽的袭击，但在日常生活中，适当的焦虑仍然对我们有益。

焦虑的第二个益处：激发人的潜能。

每个人都有未被激发的潜能，这些潜能在机缘巧合下才能被激发出来。

我们可以在一些新闻中看到类似的例子。

A. 一个男孩的父亲在修车，不知什么原因，千斤顶失灵了，眼看车子就要压到父亲，小男孩用双手抬着车身，给父亲赢得了时间，从车底脱身。事后，男孩却怎么也抬不起车身了，这就是当时的紧急情况激发了他的潜能。

B. 一名职业女性，下班回家快到楼下时，看到自己的孩子正趴在阳台上，马上就要掉下来，这位母亲飞奔到楼下，接住了自己的孩子。事后，有人测量过她冲刺的距离和所用的时间，这个速度几乎突破了人类短跑速度的极限。

焦虑还有第三个益处：适度的焦虑可以提高学习效率和工作效率。

不知道你是否有过这样的体验：上学时，周末两天，写老师留的作业，往往是周日下午的效率最高，而前面的时间大部分用来玩了；工作以后，写年终总结时，也往往是最后一天的速度最快，因为再不写不行啦，马上就要交领导啦。焦虑一来，灵感也跟着来了。

焦虑的第四个益处：适度的焦虑可以让人更谨慎。

适度的焦虑还可以让我们做事时更加谨慎。比如，有的孩子平时做题总是粗心大意，但期末考试对他来说比较重要，因为最后的排名决定着他暑假能不能出去玩，不允许他粗心对待，这时的焦虑感会让他答题时更谨慎，检查时也更认真，避免出错。

总之，适度的焦虑是有益的，只有当焦虑超过了一定的范围，才会表现为病理性焦虑。

所以，不要把所有的焦虑都视为洪水猛兽，有时，它只是放错位置的财富。

第四节

极简法 1：心理暗示，焦虑的绝杀招

焦虑的人，认为自己即将面临危险的处境，会持续性地精神紧张，不自觉地担心和害怕，出现坐立不安、情绪激动等表现。

心理学认为，焦虑实际上是一种内心的不安或恐惧，而这种不安或恐惧来自个体的主观想象，缺乏明显的客观因素。

当代社会，紧张的生活节奏、残酷的竞争压力，让人们很容易陷入焦虑的旋涡。

在日常生活中，我们除了及时调整自己的情绪状态，还要善用心理学方法，在平时多给自己一些积极的心理暗示。

有研究表明：积极的心理暗示是治愈焦虑的前提，每增加一次积极的心理暗示，焦虑的程度会减轻一些，出现频率也会降低一些。

如果一个人经常多思多虑，凡事总想到消极的一面，总是担心会失败，对自己的能力持怀疑态度，那么，陷入这种负面思维模式中，无疑会引起更多的紧张和恐惧，有时甚至会感觉人生看不到希望。

美国心理学家克拉特曾在《生物心理学》杂志发表过一篇有关一个心理学实验的文章，这个实验主要观察小白鼠在危险情形下的反应。

实验时克拉特找来一个大水池，将一只小白鼠放到里面，小白鼠落水后，并没有马上游动，而是一边“吱吱”地叫着，一边转着圈。心理学家发现，小白鼠通过发出叫声，让声波传到水池边沿，再用胡须探测反射回来的声波，然后判断自己的方位。因为老鼠的胡须具有与雷达相似的作用，可以通过探测声波来判断自己与周围物体的距离。只见这只落水的小白鼠尖叫着转了几圈后，就朝一个方向拼命地游去，很快就成功地游上了岸。

随后，克拉特又拿来另一只小白鼠，并将它的胡须剪掉。这只小白鼠重复着上一只小白鼠的行为，在水池中一边原地转圈一边发出“吱吱”的叫声。但是，这只小白鼠一直不停地在原地转圈并尖叫着。克拉特发现，由于这只小白鼠的胡须被剪掉了，无法探测到自己的方位，竟然没过多久就沉到水底了。

接受实验的两只小白鼠形成了鲜明的对比，一个顺利地游到了岸边，一个则被淹死了，难道被剪掉胡须的小白鼠不会游泳吗？我们知道老鼠天生就是游泳健将。

由此，心理学家克拉特得出结论：被剪掉胡须的小白鼠，由于无法准确判断自己的方位，不知道自己其实离岸边很近。在它的脑海里，周围全是水，它看不到一点儿希望。在这种绝望的情形下，小白鼠停止了努力。其实，它在还没有沉入水底之前，就已经死亡了。这只被剪掉胡须的小白鼠其实并不是被淹死的，而是被内心的绝望吓死的。

心理学上把这种现象叫作“意念自杀”，动物在生命彻底无望的时候，可能会强行结束自己的生命。人类虽然是高等动物，但在太多负面消极的心理暗示下，也会越来越绝望，慢慢对生活失去信心，这和试验中的小白鼠是一样的。当然，如果我们遇事能镇定果断，沉静自若，就不会产生消极的自我暗示，也就不会出现“意念自杀”的情况。

美国著名心理学家马丁·加德纳也曾做过一个类似的心理实验：他让一个死囚犯躺在床上，蒙上双眼，并告诉他，将以放血的方式执行死刑。然后让行刑者用一个锋利的木片在他的手腕上划一下，再打开事先准备好的水龙头，让水龙头向床下的一个铜盆里滴水，发出“滴答、滴答”的声音。随着滴水声变得越来越快，那个死囚内心产生了巨大的恐惧，感觉自己体内的血即将流干，结果昏死了过去。

基于这个著名的实验，心理学家马丁·加德纳非常反对把身患癌症的实情告诉患者本人。他认为，美国死于癌症的病人中，有 80% 的患者是被吓死的，其余才是真正病死的。

事实上，人所处的绝境，很多时候，都不是生存的绝境，而是一种精神的绝境；只要你不在精神上压垮自己，外界的一切都不能把你击倒。

当你焦虑不安的时候，一定要用积极乐观的思想激励自己，让自己充满信心，避免那些消极的心理暗示，很多人的焦虑本来并不严重，在消极的心理暗示下，会变本加厉，越来越严重，陷入恶性循环中。

记住，精神才是你生命的真正脊梁，善用积极心理暗示，便可拥有乐观淡定的心态，你生命中的每一天都可以活成一束光。

第五节

极简法 2：“乾坤大挪移”——正当防卫法

生活不会一路平坦，不经意间可能会受到不良情绪的打扰，这时候我们可以通过一些有效的小方法来保护自己，把负面情绪赶走，让心恢复宁静。

我先来给你讲一个小故事。

从前有一个年轻人，平时遇到不顺心的事就爱生气，这时，他就会跑回家绕着自己的小草房跑上三圈。

年轻人非常勤劳上进，工作越干越出色，于是，他的小草房很快就变成了大砖房，但不管房子变得多大，他只要一生气，还是会绕着房子跑三圈。

年轻人的邻居和朋友都觉得很奇怪，为什么每次他生气的时候，都要绕着房子跑三圈呢？也有很多人问过他原因，但年轻人都是微微一笑，没有说明缘由。

很多年过去，这个年轻人已经变成了一位儿孙满堂的老者，他也拥有了更多的房子和很多土地。虽然已经跑不动了，但在他生气时，还是会拄着拐杖绕着房子走上三圈。

有一天，他的孙子好奇地问他："爷爷，您的房子和土地已经无人能比了，您为什么还是一生气就绕着房子走三圈呢？"

老人微笑地看着孙子，和蔼地说："我年轻时爱生气，一生气就绕着房子跑三圈，是在边跑边想，我的房子这么小，哪有时间和精力去生气！想到这儿，所有的气就烟消云散了，就可以把更多时间用在工作上。我现在老了，跑不动了，但我还是会生气，生气的时候绕着房子走三圈，边走边想，我拥有这么大的房子和这么多的土地，又何必计较那么多？这不是给自己平添烦恼吗？想到这些，我的气也就消了。"

故事讲完了。故事中的年轻人可算是化解情绪的高手，他的负面情绪，都被他一一化解了。有情绪，会生气，是每个人的秉性使然。但重要的是，我们如何来化解这些不良情绪，让它们变得更积极、更有意义？

是的，我们可以学学这个年轻人，遇到焦虑或其他负面情绪时，不要被情绪所捆绑，陷入情绪的旋涡，要及时将自己抽离出来，可以试着转移你的注意力，把焦点转移到更简单，更具体的事情上。

比如，绕着你家的餐桌跑几圈，这样，把你的思想从情绪中抽离出来，放到简单、重复性高的事情上，你的焦虑感就会在不知不觉中消失。

这是一招既简单又管用的“乾坤大挪移”妙招，在生活中用起来吧！你会发现，当你这样去做的时候，你的焦虑也会出现得越来越少。

第六节

系统训练法 1：增强自信的呼吸转化法

缺乏自信的人，在某种程度上更容易产生焦虑情绪，手足无措。而这种不自信，很有可能是由于成长过程中的比较太多，给自己贴上了“不够好”“不优秀”的标签。

小的时候父母总拿你的成绩和别人比较，工作后你又拿自己和更优秀的人比较，有孩子后又拿自己孩子和别人家的孩子比较，生活中存在着太多的比较。

在不断比较中，人就容易产生自卑；自卑情结严重的人，会形成一种自卑心理，不管是面对自己擅长的，还是不擅长的，都极度没有自信，非常容易把注意力放在自己的缺点上；在一些人多的场合中，更是容易因为没有自信，产生恐惧、焦虑等情绪。

焦虑的本质是人们对未来不确定的事情，产生的一种心理效应。当你很在意一样东西，却无法掌控它时，你就会陷入一个浮想联翩的担心世界里，倘若一切都在你的掌控中，那么你还会焦虑吗？当然不会！

但是人生就像一条奔流不息的小河，只能不断地向前，不可能倒流。前方到底会发生什么，我们谁都无法预测，也完全无法掌控。所以，焦虑情绪的出现也是一种必然。我们只有让自己内心更加强大、更自信，焦虑情绪才有可能被化解。

接下来，我就教给大家一个增强自信的呼吸转化法，让你无论面对什么场合，都可以从容面对。

这个方法非常简单，只需要借助呼吸的力量，就可以帮助你转化焦虑情绪，提升自信。

首先，找个相对安静的环境，把注意力放在呼吸上，一边吸气、呼气，一边默念对应的句子。如果想更专注，可以闭上眼睛做这个练习。5 次呼吸（一吸一呼）为一个循环练习，每天花几分钟，反复做几个循环，持续一段时间，你就会掌握这个方法并发现自己的改变。

如果是生活中处于某种令人紧张的场合时，也可根据你当时内心的感受，做几个循环的练习，即可快速缓解焦虑情绪。

具体练习内容：吸气、呼气，同时心中默念后面对应的句子。

吸气（我知道我正在吸气）。

呼气（我知道我正在呼气）。

吸气（我可以平静地对待一切）。

呼气（我释放一切紧张和恐惧）。

吸气（我愿意接纳生活中的不完美）。

呼气（我释放一切压抑和自卑）。

吸气（我心中充满力量）。

呼气（我是自信独立的个体）。

吸气（我活在当下）。

呼气（当下即是我）。

这个练习虽然简单，但很有效。借由此练习，可以帮助你觉知自己的气息，让身心回归合一，与当下同在。练习几个循环后，心自然就会停止焦虑，只系于呼吸之上，充分释放负面情绪，化解内心的自卑感，提升自信心。

第七节

系统训练法 2：具体化，转危为安的辩证分析

面对人生的各种焦虑，我们要做的，不是消灭焦虑、想办法不让它出现，而是通过一些方法，降低焦虑给我们带来的伤害和困扰，因为情绪是无常的，我们不知道它什么时候来，什么时候走，唯有保持一颗平衡平稳的心，才能战胜它，不被焦虑牵着鼻子走。

在心理咨询中，经常会用到一个技术，就是具体化技术。具体化技术也叫澄清技术。是咨询师用来帮助来访者清楚、准确地表达出他们真正意图、观点以及所体验到的情感和所经历事件的方法。

具体化技术不仅可以用于咨询过程中，还可以用在生活中，帮我们处理焦虑、烦躁等情绪困扰。

有些人在面对问题的时候，往往由于对问题的认识模糊不清，看不到问题的本质，所以找不到有效的解决办法，最后，导致陷入负面情绪中无法自拔。而具体化技术就是帮助我们解决这一问题的方法。

从另一方面来讲，当你只是去处理相关问题，而不是去跟负面情绪纠缠，你也就可以从情绪的漩涡中脱离出来了。

那具体化技术到底是如何应用和操作的呢?

简单讲就是把问题不断细化，通过细化找出问题的根本。而知道问题的根本所在了，解决问题的方法也就呼之欲出了。

比如某次英语考试成绩非常不理想，很多人会陷入沮丧的情绪当中。此刻，你越想摆脱这种沮丧的情绪，你会发现自己越无能为力。

因为，你越想摆脱这个情绪的时候，也就是你越认同这个情绪的时候。所以，这个时候就可以用到具体化技术了——直接去面对问题，而不跟情绪纠缠，所要做的是认真分析原因。

想一想：这次英语考试成绩不理想，具体是哪些地方丢分了？是单词背得不够熟？是粗心大意选错了？还是语法没有掌握牢固呢？

然后再逐一去细化。粗心大意又是什么原因呢？是因为没认真审题，还是知识点没学牢固？知识点没有学明白，那又是哪些知识点没有学明白？这些知识点如何才能学明白？

当你把这些问题一个一个分析清楚，问题的解决方案也就出来了。然后，再根据这个解决方案去一步一步实施，最终从根本上杜绝再次出错的可能。

通过这样的分析，以后再遇到这些知识点的时候，你将更有信心，因为这意味着你又可以提升自己了。是不是有点儿小兴奋！而随着你丢分的地方越来越少，你的自信心也可以随之提升。

事实上，我们很多人面对问题时，只是试图消除自己的负面情绪，而不是去解决问题。如果不能从根本上解决问题，就只是起到安慰剂的作用，这也是人们为什么会把“成功学”说成“鸡汤”的原因。

另一方面，由于陷入负面情绪，所以你很难看清楚问题，很难去分析情绪背后的根本原因。看不清问题就无法解决问题，这次出现的问题，下次还有可能会出现。这样下去，人得不到成长，失落感也会随之加深。一次一次失败的积累，会让人对自己产生怀疑，无法面对问题。

再有，如果你在积极地处理问题，你哪还有时间去担心和焦虑呢？问题的根源找到了，你也就没什么好担心的了。这就是具体化技术的魅力所在。它会让你摆脱情绪的纠缠，跳出问题的局限，看清问题的本质，就像孙悟空的火眼金睛一样，看穿问题的各种伪装。

问题的表象和本质都能分清了，你说还有什么好焦虑恐惧的呢？人的焦虑恐惧不就是对未来未知事物的担心吗？没有了担心，没有了跟情绪的斗争，你也就摆脱了情绪的困扰！

第八节

系统训练法 3：甩掉焦虑的"健康甩手操"

除了前面的两个方法，接下来，我还要教你一个可以甩走焦虑的"健康甩手操"。

很多人会有这样的体验，焦虑烦躁的时候，心里仿佛憋着一股火，压得胸口喘不过气来，摔摔东西、发泄一下，心里就会舒服很多。但是摔东西的代价有点儿大，还容易伤到自己。

我们可以用另外一种方式来代替，那就是我要教你的健康甩手操，通过甩手的方式，把心里的烦躁甩出去，甩走焦虑。

健康甩手操的练习环境，可以是客厅，可以是办公室，还可以是阳台，空间不需要太大。

练习步骤如下。

1. 首先，原地站好，双脚微微打开，与肩同宽。这样做的目的是保持身体的稳定性，避免甩手的时候，因为惯性摔倒。

2. 双手放在身体的两侧，慢慢抬起，举过头顶，指尖朝上。然后将双手向下甩，甩到身后，力度不宜过大。

3. 甩手的同时，请你在心中想象，你把所有的负面情绪都集中在了指尖，每甩一下，你的焦虑就会通过指尖甩走一部分，直到你想象着自己当时的负面情绪全部被甩出去了。

4. 重复举手、甩手这个动作，做到微微出汗或者情绪已经平复即可。

练习注意事项有以下几个。

1. 要注意甩手的力度和幅度，最开始时甩手的幅度不要太大，因为惯性的原理，力度和幅度慢慢会越甩越大，可以根据自己情况，掌握甩手的力度和速度。

2. 每个人体质不同，感觉累了，中间可以休息一会儿，再继续练习。一般情况下，这个健康甩手操，反复练习几次，就可以把负面情绪甩出去，感觉身体轻松了很多。

这个方法，可以在生活中随时去做。当然，在你觉得有负面情绪的时候，也可以根据自身的情况，结合书中介绍的其他方法一同练习。

不管用哪种方法调节情绪，都有一个核心的原则，那就是保持平等心，要以一颗不纠缠、不评判的心去练习。不要把方法当成消除情绪的工具，虽然，这些方法确实有这样的功效。但太强的目的心，只会让你在练习效果不明显时失去信心。

王阳明曾说过："草有妨碍，理亦宜去，去之而已；偶未即去，亦不累心。"杂草虽然是有害的，应该清除，但偶尔没有清除干净，也不要太放在心上。我们的情绪也是一样，不要把那一点儿残存的情绪当成生活的全部，让心中杂念丛生，当你持有这种心态的时候，你的内心自然就是平稳的了。

记住，保持平等心去练习，情绪自会慢慢平复，一切都会自然地发生。

04

“完美主义”与“容错”的博弈

第一节

焦虑根源：“完美主义”与“容错”的博弈

一般说到“完美主义”，大家都会与强迫症相联系，它是一种建立在处处不满意、不完美之上的，极度追求完美、毫无瑕疵的想法。

我的很多来访者告诉我他们很焦虑，焦虑到凌晨两三点还在反复演练早已倒背如流的演讲稿；焦虑到要花上三四个小时化妆、搭配衣服才能出门；焦虑到需要几个月时间分析同价位几个不同品牌的手机的性价比，才会忐忑不安地买下对比后觉得最心仪的手机，可刚买完没多久看到新品上市，又开始后悔！

这些焦虑，都是来自一个问题，那就是不允许自己出半点儿差错，宁死也要捍卫自己的完美形象，并且在他们内心深处，还隐藏着一颗永不停息的焦躁不安的心。

从表面上看，有完美倾向的人，总是关注某些结果是否圆满，或者自己做的事情是否完美，而实质上这种倾向是长期焦虑的一种反应。为了缓解焦虑所带来的不适，人们开始寄希望于持续性、重复性的动作行为和方式。

当你越是想为自己塑造一个完美形象时，结果只会适得其反。甚至在别人眼中已经是很完美的一件事，你还是会挑出一些不如意的地方。如此地追求完美反而让一切变得很不完美。

此刻，如果你正处在各种焦头烂额事情中，不知所措，那么请先放下对自己的苛求和批判，然后刻意地让自己在这些事情上出个小差错。其实，犯错的结果远没有你设想的那么不堪、那么糟糕至极。最可悲的不是你犯了什么错，而是你竟然没有勇气让自己犯错。

事实上，正如没有人会在乎你把皮鞋擦得多亮，也不会有人会真正记得你演讲时打磕巴时丢脸的样子。

我的建议就是，请带着像孩子一样的好奇心，去觉察整个过程中都发生了什么，你的心情、你的身体都有什么样的感觉和变化，带着这种觉察的心，去觉知、去感受当下的一切，我相信当你尝试这样做的时候，一切疗愈就这样开始了。

在完美主义面前，只有接纳自身的不完美才会是真正的完美。要允许自己犯错，有容错心理，接纳我们每个人都是一个不完美的个体，当你有了容错心理，你的焦虑感就会自动消失。

第二节

5 种典型焦虑的“处方”

1. 做个不焦虑的家长，有多难？

在我多年咨询的个案中，我接触过太多的家长和孩子。我发现，焦虑是家长的普遍状态，而相比之下，患抑郁症和强迫症的孩子比较多，真正焦虑的孩子很少。

家长们的焦虑指数和孩子的年龄成正比。有的家长从孩子生下来就开始焦虑，上幼儿园怕孩子表达能力不行，受了欺负回家说不清楚。有的家长，为了小升初“占坑班”，着急上火。有的家长为了孩子能上重点学校，多方打听学校的划片区域，不惜重金购买根本无法住人的“老破小”，还要再租房陪读。还有家长为了孩子的成绩，每天陪写、陪练，365 天从不间断。更有家长为孩子报了各种辅导班，周末 2 天课程排得满满的，不是在送孩子的路上，就是在接孩子的路上，自己没有休息和娱乐可言。在国家出台“双减”政策后，又有家长为没有课外班可报而焦虑。

所有的付出，汇成一句话：都是为了孩子！可就是这样掏心掏肺地为了孩子，孩子却不领情，成绩好坏不说，亲子关系弄得非常紧张。

在咨询中，我了解到，很多家长和孩子的亲子关系非常糟糕。吵架还是好的，有的孩子甚至连话都懒得和父母说，也不吃父母做的饭，自己用手机点外卖，拿到外卖回自己的房间里吃，也不出房间，更别提相互交流了。

在咨询时，我听家长说得最多的一句话就是：“老师，你可得好好帮我劝劝孩子，你的话他可能会听，我说的话，他是一句也听不进去，我是真的拿他一点儿办法都没有了……”

每当听到这些，我都为这些家长感到惋惜。咨询师对孩子来讲，只是一个陌生人，父母养育了孩子十几年，到头来却变成最熟悉的陌生人，真的非常让人痛心。

可问题出在哪儿呢？在孩子身上吗？

不，我不认为哪个孩子是天生叛逆的，从他出生到长大的过程中，是家长用错了方法，用错了方式，我们以爱的名义，做了太多伤害亲子关系的事情，才造成了今天的结果。

经常可以在网上看到这样的消息：某某孩子因为家长不让玩手机，从楼上跳下去了；某某孩子因为家长批评了几句就轻生了……

网上的很多评论说，现在的孩子太脆弱了，多大的事就寻死觅活的？

对此，我有一些不同的看法：孩子生下来是一张白纸，如果没有人教他怎么对待挫折，没有人告诉他遇到不顺的事情应该怎样处理，他能想到的解决办法，是他认为最简单的办法，至于后果如何——没有人告诉他这样做的后果是什么，因为不懂，所以无畏。

事后，所有的家长都会悔不当初，但是后悔又有什么用呢？为什么要到失去之后，才知道珍惜呢？在孩子单纯快乐地在我们身边的时候，我们为什么不能多一些包容呢？为什么不允许孩子不考100分、不是班里前3名、不是全科都优秀呢？

因为工作的原因，我接触过很多学生，在和他们沟通的过程中，我发现，在他们眼里，家长所着急的那些事情，简直不值得一提，还不如“猫神”陈正正输了eStarPro一场比赛来得重要[①]。有些孩子学习的动力，是为了去重庆上大学，到自己的偶像王俊凯学习过的地方看看，仅此而已。就是如此简单粗暴到家长做梦也想不到的理由，在这些孩子心里根深蒂固，反对无效。

所以，想让孩子好好学习，不是没有办法，只需要我们换一种和孩子沟通的方式。这里所说的沟通，是指像朋友那样，平等地对话，而不是站在家长的角度，高高在上地指挥。

儿童心理学家德雷克斯说：“孩子的觉察能力很强，但解释能力却很差。”家长的焦虑情绪非常容易被孩子觉察，但是他们内心有什么想法，却不知道怎样表达出来，这时候，家长的耐心陪伴和良好的沟通就十分重要了。

发现孩子的特长，去尽力发展孩子最擅长或最喜欢

① 陈正正（游戏ID为CatGod，后改为Cat），电子竞技职业选手，2019年作为“eStarPro”俱乐部战队成员，与队友共同夺得“王者荣耀世界冠军杯”总冠军。

的，剩下的交给时间，时间会给你想要的答案。平等沟通、耐心陪伴、正确导引，比粗暴的干预更能增进亲子关系，哪怕最后你得不到一个世俗意义上的“优秀人才”，你还有一个孝顺的孩子，这不比你费力气培养出一个学霸，却和自己形同陌路、反目成仇来得好吗？

做一个不焦虑的家长，从放下比较开始。当你把“别人家的孩子怎么怎么样”这句话收起来，我相信，你和孩子的关系会修复至少30%。每个人都有自尊，孩子也不例外。

陪着孩子一起成长，我们要做的事情其实很多，这一切，是放下焦虑的前提，只有放下焦虑，你看待问题和处理问题时，头脑才是清醒的，做出的决定才是智慧的。

最后，我想把纪伯伦的诗《你的孩子其实不是你的孩子》送给所有的家长朋友：

你的孩子，其实不是你的孩子，

他们是生命对于自身渴望而诞生的孩子。

他们通过你来到这世界，却非因你而来，

他们在你身边，却并不属于你。

你可以给予他们的是你的爱，却不是你的想法，因为他们自己有自己的思想。

你可以庇护的是他们的身体，却不是他们的灵魂，

因为他们的灵魂属于明天，属于你做梦也无法达到的明天。

你可以拼尽全力，变得像他们一样，

却不要让他们变得和你一样，

因为生命不会后退，也不在过去停留。

你是弓，儿女是从你那里射出的箭。

弓箭手望着未来之路上的箭靶，

他用尽力气将你拉开，使他的箭射得又快又远。

怀着快乐的心情，在弓箭手的手里弯曲吧，

因为他爱一路飞翔的箭，也爱无比稳定的弓。

2. 关于考试焦虑

每年重大考试期间，比如考研、司法考试、公务员考试，都会因为考试焦虑形成一波咨询小高峰。最常见的描述是自己压力很大，想到考试就紧张，感觉自己没有信心，该怎么办？

人类之所以能存活到今天，正是焦虑的存在帮助了我

们。因为焦虑的存在，我们可以敏锐地发现躲在草丛中的危险；因为焦虑，我们在面对凶猛野兽的时候，能够快速奔跑或选择全力搏击；到了现代社会，因为焦虑，我们才能保持不断发展和创新。

考前有焦虑是很正常的，适度的焦虑可以使人的精力更集中。但是，如果焦虑过度，不仅不能让我们有更强的行动力，反而会成为我们前进的阻碍，影响我们的思维和专注力。

所以，我们的目的并不是消除焦虑，而是怎么把焦虑调整到适当的范围内，让自己既有适度的压力，又能够自然地应对考试，这才是我们最应该做的事情。

过度焦虑会影响考试正常发挥，我们需要从心理，睡眠、饮食等方面进行调整。

（1）心理方面

首先，要正确地面对焦虑。

焦虑不是问题，害怕焦虑才是问题。焦虑和快乐一样，是人的一种自然情绪。面对焦虑，我们要做的不是去消灭它或逃避它，而是应该去看看，这个焦虑信号的背后是什么，它在提醒我们什么？它有可能在告诉我们，这个事情很重要；有可能在提醒我们，我们还没有足够的能力去应对这个事情，我们还需要做更充足的准备……

我们要明白，所谓的紧张往往是因为人对于某件事情过度在乎，但是，自己又没有十足的把握。从心理上来讲，消除紧张根本不需要努力，因为紧张往往是由于过于努力造成的。

不管一个人是不是很忙碌，都不会导致他的紧张。只有他过于在意才会导致紧张。所以，我们不要试图去消除紧张，只要欣然接受当下就可以了。

其次，不要给自己消极的暗示，特别不要轻易认为自己有什么心理问题。

当你很在乎又没有必然把握时，紧张就会出现，这是正常的。如果你认为“我不应该这样”，或者认为这是种病态，这种对紧张焦虑的恐惧，就是你给自己的第二个压力源，这种压力往往会强于事情本身带给你的压力，引起更大的恐慌。

这也正是，为什么你总是努力让自己不紧张，但结果却适得其反，越不想让自己紧张，自己越紧张的原因。

那么，怎样才能让自己不紧张呢？相信这是大家都比较关心的问题。只要做到以下两点中的一点就可以了。

要么，你不再过度在乎结果或者接受当下；要么，就让自己有十足把握。

看到这里，几乎所有人都会说：“我也想不在乎，但是我做不到啊！”

如果做不到，那就看看怎么让自己有十足的把握。假如，你现在是高中水平，你会害怕小学生的考试吗？不会吧，因为你的能力水平远远高于压力水平。人只有能力水平低于压力水平时，才会感到焦虑，因为心里没有底，对吧？针对这一点，你需要明确自己的学习范围，清楚怎么学习能拿到好成绩。简单讲，就是明确考什么，以及怎么学会它。

再次，做自己该做的事情。也就是，明确自己该怎么做就一定能做到。给自己制定学习计划，按部就班，包括体育锻炼。这样能很好地缓解你的紧张。

（2）睡眠方面

考前就不要熬夜复习了，临时抱佛脚不可能让你“临阵磨枪不快也光”，只会让你的身体超负荷运转，对于学习效果并无益处，反而会影响第二天的精神状态，导致注意力难以集中。

知识的掌握有赖于长期的积累，不可能一蹴而就，所以，保持与平时一样的规律作息，是非常必要的，在一定程度上也会让你的潜意识认为此次考试与以往并无差异，不会过度关注，保持平常心态。

如果在考前由于焦虑导致失眠，也不用担心，首先我们要正确看待这个问题，这是考试期间和复习期间人们经常会遇到的情况。有个助眠的法宝可以为你保驾护航，它就是静卧观息法。静卧观息法在后面章节有详细的介绍，可以翻到相关章节去了解，在这里就先不展开说明了。

（3）饮食方面

对于正在备考的朋友，我建议饮食尽量清淡一些，别为了所谓的补充脑力，吃太多肉类，营养均衡才是最健康的饮食方式。

另外，考试期间在饮食上也需要注意一些细节，比如说，少喝含糖饮料和咖啡因类饮料，虽然咖啡可以帮助我们提神醒脑，但是要尽量少喝，因为咖啡可以让人兴奋，会影响睡眠质量，从而加重焦虑感。

3. 关于职场焦虑

职场焦虑，是网络上和现实生活中人们经常谈到的话题。

我在咨询过程中，最常见到的职场焦虑有以下几类。

第一类职场焦虑是：对目前的待遇和现状不满意，又找不到更好的工作，抱着“当一天和尚撞一天钟”的心态，每天混日子，对工作内容提不起劲儿来，又不敢任性“裸辞”，每天上班的心情堪比上坟。

我的学员小吴是一个刚毕业两年的小伙子，工作收入一般，除去房租、吃饭的花费，再和哥们儿喝几顿小酒之后，几乎没有剩余，是标准的月光族。他戏谑地说，自己现在别说找女朋友谈恋爱，就是生病都不敢生大病，发烧感冒之类的扛一下就过去了，都不敢去医院，感觉自己都交不起住院的押金。

我问他，除去收入的因素，现在的工作内容是你所喜欢的吗？他说，喜欢什么啊，就是混口饭吃呗，又没有挣大钱的本事，只能走一步算一步了，哪天公司不行了，拿遣散费走人。

我又问他：“你擅长什么？或者说什么样的工作是你喜欢的？”他眼睛亮了亮说道：“老师，不瞒您说，我喜欢拍戏，想当明星，但是人脉太少了，只能演一些没台词的小角色，机会还不多，没有遇到大导演，让我大放异彩……”

想当明星并没有错，但没有为梦想去付出足够的努力，却被微薄的收入限制，陷入一种摇摆不定、迟迟不能决断的状态，肯定是会焦虑的。

有时候，现实和梦想之间，差距就是如此之大，这个差距似乎比喜马拉雅山与马里亚纳海沟之间的海拔差还要大。要么努力提高自己的能力，让自己与理想之间的距离更近一些，要么把梦想放在心里，先解决现实问题，再去实现自己的梦想。

第二类职场焦虑是：对现状还算满意，比上不足比下有余，但是经不起任何风吹草动的比较。自己认识的人中，如果有人转行成功，收入翻倍，自己的内心就不平衡了，后悔自己为什么当初没有行动，贪图安逸没能抓住好机会，只能看着别人锦鲤附身，化身为龙。

卫先生就属于第二类情况。32 岁的卫先生在老家一家待遇不错的事业单位上班，收入稳定，虽然老家比不上大城市的繁华，却也生活安稳，妻贤子孝。但是，这种平静的生活，被一次同学聚会打乱了。

卫先生的同学几年前辞掉老家的工作，去了深圳，几番折腾下来，生意越做越大，开上了豪车，住上了别墅。聚会时，同学们的羡慕让卫先生对自己的工作生出了不满。上学时，这个同学明明不如自己，怎么到了现在，自己坐飞机都追不上了呢？聚会过后，卫先生喝茶也不香了，爱看的报纸也看不下去了，坐立不安，一直在“辞职创业”和“留下继续工作”之间，反复摇摆，犹豫不决。

孟子说：“鱼，我所欲也；熊掌，亦我所欲也。二者不可得兼，舍鱼而取熊掌者也。生，亦我所欲也；义，亦我所欲也。二者不可得兼，舍生而取义者也。”

从古至今，没有完美的人、完美的事，更没有完美的工作。喜欢安逸的生活，就要接受这份安逸带来的平淡。不甘于平淡就要经历竞争、承受压力，敢于接受投资失败甚至血本无归的结果。

征服珠峰固然值得自豪，但是，也要做好半途永眠山腰的准备。选择一条道路走，总比一直徘徊不前强得多，哪怕你选择的是一条弯路也没关系，弯路也是前行的一部分，重要的是行动。不要做思想上的巨人、行动上的矮子。

第三类职场焦虑是：想要更高的收入、更有品质的生活，千挑万选换了一份工作，结果却发现，新工作不像自己想象中的那样美好，后悔、自责、焦虑……

杨梅（化名）是一个性格开朗的姑娘，初中毕业后，一直在亲戚开的物流公司工作，她说自己除了核对出库单、注意别把货装错了，有时也跟车给客户送货，虽然比较辛苦，但是时间自由，客户也比较喜欢自己的性格，几年来，一直合作愉快。

可能是毕业后一直做这个工作，时间长了，很向往那些白领的工作。看着那些穿着漂亮的职业装、脚踩高跟鞋走在路上的女孩子，杨梅羡慕不已。反观自己，每天就是那身工作服，不好看，也不能穿裙子，因为搬货不方便，更别提高跟鞋了，化妆也免了，因为干活儿时总会出汗，化妆也会花。

在无数次思想斗争后，杨梅和亲戚说不干了，想换一份工作。后来，当她真的穿上职业装在公司前台站上一天时，她肠子都悔青了，表面光鲜的工作，并没有她想象得那样美好，穿着高跟鞋站 10 个小时，真比搬一天货还累。

当因客户投诉被扣掉好几天工资时，杨梅干不下去了。她想回亲戚的物流公司，又觉得没有面子。每天上班强颜欢笑，下班后躲在屋子里哭泣，她不知道自己什么时候才能回到从前，原来虽然辛苦，但每天都是开心的，现在简直是度日如年。

人这一辈子，如果能从事自己喜欢且擅长的工作，是一种幸福。哪怕二者占其一，也是一种幸运。怕就怕这份工作，既不是自己喜欢的，又不是自己擅长的，感觉再怎么努力都没有别人做得好，更别提升职加薪了，弄不好下岗裁员第一个就是自己。在这种心态下工作是最累心的，人也更容易焦虑。

多数时候，工作只是我们生存的一种手段。马斯洛需要层次理论将人的生理需要和安全需要放在前两位，是有道理的。如果连吃饭都成问题，生活得不到保障，何谈社交的需要、尊重的需要和自我实现的需要呢？

如果现在的工作不能让你满意，要么想办法改变现实，要么想办法调整自己的心态，不要让自己陷入“在工作中焦虑，在焦虑中工作”的恶性循环。

4. 关于失业焦虑

随着经济全球化的推进和竞争的日益激烈，职场上的“铁饭碗”越来越少了，主动失业和被动失业都很常见。

没有人可以预测未来，无论是未来的工作还是未来的生活。我们能做的，就是活好当下。有工作的时候，认真对待。危机来了，勇敢面对。

在这里给所有朋友一个建议，那就是，不管你选择什么工作，都记住一点，这个工作应当是你擅长的。永远不要用自己的业余去挑战别人的专业，那样，无论你付出多大，都会输得很惨。再普通的工作，只要是你擅长的，哪怕只是做饭，你比别人做得好，失业焦虑是轮不到你承受的。所以，最擅长的便是最适合自己的。

另外，做事情要有恒心，只要选择了，就认真干几年，不要没干几个月就轻易放弃，再换别的行业。要知道，隔行如隔山，没有三五年的工作经历，很难真正了解一个行业。选择自己擅长的领域认真做，无论什么工作，你都能有所成就。

几年前，一个朋友刚来北京，托我帮他找房子，我找到一家中介，接待我的是一个年轻的小伙子。他为了省钱，和同事一起租的毛坯房，他笑着说：“我刚入行，业绩还不好，只租得起毛坯。”

看房那天，他骑着电动自行车带着我看了好几个小区，还热情地为我介绍附近的超市、菜市场。以前我也接触过很多中介，像他这么热情的还是头一次遇到。我有种感觉，他在这个行业一定能做得很好，虽然，他目前还是个新手。后来在他推荐下，我顺利地找到了房子，还和他互加了微信。

几年间，他的微信从来都没晒过吃什么、喝什么、去哪玩了，全是和工作有关的内容，但看了并不让人反感，配的文字和图片也都是积极正面的。在字里行间，我没看到任何对生活不易的抱怨，也没有小人物的自卑，只看到了一种积极向上的力量，带给人温暖和希望。

前段时间，我又路过那家中介，看到他正带着客户出来，这次不是电动自行车，而是一辆崭新的小汽车，看来，他对工作的热爱和对客户的真诚得到了回报。“干一行，爱一行；爱一行，专一行”在他身上得到了最真实的体现。

可能有些朋友会说，我不擅长和别人打交道，干不了销售或中介这类工作，怎么办?

每个人都有自己的优点和缺点，扬长避短就好。口才不好，见人说话就脸红，就别逼着自己去做销售；方向感不行，上了“8 字立交桥”就盘下不来的人，就别去当全职司机；脸盲的人就别去应聘私人秘书；动手能力差的人，就别去当修理工。

人生是公平的，只要你自己不放弃自己，在给你关上一扇门的同时，一定会给你留一扇窗，找到那扇窗，你就能看到外面美丽的风景。

5. 关于人生焦虑的反思

经常陷入焦虑的人，总会沉浸在对未来的担心和恐惧中，却又无视当下的幸福。

随着网络的发达和社交平台的普及，千里之外的陌生人，可以成为好友随时聊天，视频软件更是可以让沟通 360 度无死角。越来越多的诱惑出现在人们面前，离婚现象也越发普遍，这些都无形中增加了人们的不安和焦虑感。

人就是一个矛盾体，小时候总盼着快点儿长大，长大后又每天哀叹失去童年。工作时总想着退休，退休后又觉得时间太多，感觉无聊、没意思。身强体壮时以健康为代价换取金钱，到后来又想办法用金钱恢复健康。

还记得小时候，能吃饱穿暖就非常幸福快乐。过年时收压岁钱，有新衣服穿，全家围在一起吃一顿热乎乎的饺子，就是最快乐的事。不记得从什么时候开始，年味儿越来越淡，快乐越来越少，焦虑却越来越多了。

小时候，我们可以充分享受当下的快乐，哪怕只得到 10 元的压岁钱，也会开心得跳起来。成年后，我们却不能从容地安于当下，而是将焦虑变成了生活的“日用品”。

记得有个来访者说：“这一辈子还没走到头，但是已经不抱太多的希望了，年轻时的理想和远大抱负，现在都归于平淡了。”

其实，这个世界上想要获得精彩人生的人有很多，能够真正做到甘于平淡，仍然认真对待生活的却寥寥无几。

很多人认为平淡是很容易的，其实不然，我们生活中大部分人是平庸的，而不是平淡的，能在生活中享受平淡才是最难的。

有人说：“我们曾如此渴望命运的波澜，到最后才发现：人生最曼妙的风景，竟是内心的淡定与从容。我们曾如此期盼外界的认可，到最后才知道：世界是自己的，与他人毫无关系！”

我们的烦恼就在于总是寄希望于达成未来某个虚妄的目标，而忽略了当下。人生只在于当下，除了当下再无其他。没有立足当下，哪有什么未来？与其焦虑未来，不如脚踏实地做当下该做的，哪怕你看不进去书，跑不起来步，就只是把自己打理干净，把屋子收拾整洁，给人清爽的感觉，岂不就是一种享受当下的境界。

看似复杂的焦虑，其实并没有那么复杂，只要我们能活好每一个当下，你的未来就一定不会错，因为，当那些未来到来的时候，它又变成了你的当下。对于每一个能活好当下的人来讲，焦虑并不可怕。

最后，我想用威斯敏斯特教堂碑文墓志铭来结束对人生焦虑的反思：

当我年轻的时候，我的想象力从没有受到过限制，我梦想改变这个世界。当我成熟以后，我发现我不能改变这个世界，我将目光缩短了些，决定只改变我的国家。当我进入暮年后，我发现我不能改变我的国家，我的最后愿望仅仅是改变一下我的家庭。但是，这也不可能。当我躺在床上，行将就木时，我突然意识到：如果一开始我仅仅去改变我自己，然后作为一个榜样，我可能改变我的家庭；在家人的帮助和鼓励下，我可能为国家做一些事情。然后谁知道呢？我甚至可能改变这个世界。

第三节 像最健康的人一样，掌控情绪，摆脱失控感

从“心”开始，拒绝盲从

想要像最健康的人一样，掌控情绪，首先要拒绝盲目从众，保持“心的清醒”。否则，可能会给自己带来莫大的焦虑感。

跟风群众的心理就是：别人都这么做了，如果我不这么做的话，我就是不合群的，会被别人嘲笑和孤立；哪怕付出再大代价，我也要和别人保持一致。

于是，看到别人买了新车，不管自己是否有需要，也要买一辆回来摆在那里；看到同事去健身房办了 VIP 卡，自己也要办一张，不然就是和同事拉开了差距；同学去国外度蜜月，我就不能选择国内城市，否则都不好意思晒朋

友圈；邻居装了新的指纹锁，我也必须换一个，否则再用钥匙开门，多没面子。

盲目从众的结果，当然是花钱一时爽，还款泪两行。收到账单的时候，才发现还款金额超出了自己的预期。拆东墙补西墙，本来就负债累累，再加上手续费和利息，于是，焦虑伴随着整个还款周期。

而这种从众的行为，自然界的很多动物都会有。法国昆虫学家法布尔曾经做过一个松毛虫的实验。他在一个花盆的边缘，放了若干只松毛虫，并让这些松毛虫首尾相连，围成一个圈，松毛虫们头也不转地绕着花盆转圈。连续七天七夜一直不停地在走。其实，只要其中有一只松毛虫稍微改变一下路线从花盆边缘爬出去，就可以吃到外面的松叶。

人类是高等生物，也最具有智慧。但生活中，像松毛虫一样盲目从众的人并不在少数。很多家长在给孩子填报高考志愿的时候，不是尊重孩子的喜好，而是看到什么专业比较火，就报这些热门专业，不管孩子是否喜欢。

现代社会飞速发展，一些“新兴”行业，更容易产生从众效应。看到一个公司做什么生意赚钱了，大家都蜂拥而至，直到整个行业生产能力饱和，供求关系失调。比如共享单车从兴起到衰落，就是盲目跟风的结果。从第一家共享单车产生开始，很多公司马上跟风投入，短短一段时间内，我们在大街上，随处可见各种颜色的共享单车。但好景不长，这种跟风投入的结果就是亏损、破产，无人维护的坏车随处可见。

社会心理学家研究发现，影响从众的重要因素，是持有某种意见人数的多少，而不是这个意见本身。所以，不要让欲望的泡沫淹没了自己，拒绝盲目从众，做回真实的自己！

金无足赤，扬长避短

想要像最健康的人一样，掌控情绪，需要对自己有客观的认识，敢于承认自己的不足。

日本教育家多湖辉讲过这样一个故事。

一个学生，手里拿着一株不知名的小草来求教老师，可老师不认识，这时，老师想起这个学生的父亲是植物学家，便和蔼地对学生说：“你可以回家问问你的父亲，也许他能告诉你答案，老师等着你给我讲小草的秘密。”

第二天，孩子又跑来找老师，还把一封信交给了老师，又疑惑地说：“爸爸说他也不知道小草的名字，让我把这封信交给您，说老师您只是一时忘记了。”老师打开信一看，小草的名称和特性都详细写在里面，最后还写了一句话：“这个问题由老师回答更为妥当。”

故事中的父亲是一名著名植物学家，他没有因为自己擅长的方面取笑老师的不足，而是想办法让老师知道答案，保全了老师在孩子心中的形象，是难得的大智慧。故事中的这位老师，也非常让人敬佩，他没有为了所谓的面子，对孩子说自己认识这株小草，随便编一个名字误导孩子，而是虚心向孩子的家长请教。

有时候，承认自己的不足，尤其是向比自己能力更低的人暴露缺点，是非常难得的品质。如果世上所有的人都如此做人做事，那么，这个世上便少了很多阴暗与计较，也少了很多焦虑与不安。

在咨询过程中，我发现，很多来访者的焦虑，来源于认为自己能力不足，担心所做的事情以失败告终，担心被别人看不起，担心丢了面子、下不来台。他们遇事常常优柔寡断，犹豫不决，瞻前顾后。其实，现实生活中，又有哪个人是十全十美的呢？

没有十全十美的人。充分发挥自己的优势，努力做到最好，当你在某个领域、某个方面做得足够出色，大家会对你的不足之处忽略不计，只会给你贴上“优秀”“成功”等好的标签。

人也不需要太完美，我们只要尽量放大自己的优点，缩小自己的缺点，扬长避短，定能收获成功！

远离焦虑，提升幸福感的“黄金法则”

想要像最健康的人一样，掌控情绪，更要领悟的一个大智慧就是助人。

汉代贾谊的著作《新书》里有一句话，我非常喜欢，那就是“爱出者爱返，福往者福来”。你用爱来对别人，将来别人也一定用爱来回报你。你用自己的金钱、智慧去帮助别人，将来会得到更大的福报。

正如人际沟通中的黄金法则：想要别人怎么对自己，首先就要如何对待他人。

人际关系是一个互动的过程，在交往过程中，没有无缘无故的爱，也没有无缘无故的恨。所有得到的善意和恶意，都是我们曾经播撒的种子，现在开花结果了而已。如果平时我们在点滴小事上，处处以善意待人，别人也会回馈我们善意，在这种良性的人际交往中，自然情绪状态是平稳的，心情是愉悦的。

我们努力做好自己的同时，在能力范围内，尽力去帮助别人，不仅能给自己积累更多的善意和福报，更能提升自身的幸福感，促进更多体内快乐因子——多巴胺的分泌，远离焦虑抑郁。

而我创办重塑心灵心理训练中心的初衷，也是想帮助更多和我一样受心理困扰折磨的朋友。因为曾经的我，也深陷焦虑、失眠、强迫的泥潭，我深知患上心理疾病到底有多痛苦。为了能够更有效、更便捷地帮助每一位需要帮助的朋友，我将 10 多年的临床咨询经验，毫无保留地展现在我的书中，希望正在看这本书的你，能有所收获，重获新生。

远离情绪困扰，不可空谈，不断付出你的善意，你便会越来越平和，越来越轻松，你的幸福感也会不断增加，焦虑自然就和你无缘，一切好运也将与你不期而遇。

第四节

极简法1：“2分钟定律”正视当下

禅宗有这样一则小故事：在慧能南下过程中，多次遭人追逐，受尽磨难。最后来到广州法性寺，听印宗法师讲《涅槃经》。休息期间，大家在庭院中看到“风吹幡动”，一位僧人说“是风动”，另一位僧人认为“是幡动”，两人争论不休之时，六祖慧能脱口说道：“不是风动，不是幡动，仁者心动。”他语出惊人，令在场的人对他刮目相看。

其实每一种事物的产生，都是由种种条件按一定的规律组合而成的。风和幡是外境，但是，如果没有心的参与，我们就不可能感知风和幡的存在，更不用说判断它们是否在动了。所以“心动”才是认识事物的关键要素。六祖慧能所讲的“心动”，强调在了知宇宙万物时，“心”的参与对我们感知世界起着关键性的作用。

就像在咨询中，经常听到一些焦虑恐惧的来访者向我诉说自己的不幸。他们认为自己恐惧和焦虑都是外界因素造成的，比如领导给的压力太大，比如父母对自己要求太严，或者夫妻之间无话可说，矛盾日增，又或者是所处的环境多么恶劣，邻居家孩子太吵、噪音太大，让自己每天生活在水深火热中，才造成今天的样子。

苏东坡也曾写过一首五言诗偈：“稽首天中天，毫光照大千；八风吹不动，端坐紫金莲。”其中的“八风”指的是“称、讥、毁、誉、利、衰、苦、乐”，意思是为人处世的八种境遇。这八种境界风，能吹动人的身心，而佛陀则不为这八种风所动。这首诗是在称赞佛陀“心能转物而不为物转”的境界。

在现实生活中，常人很容易被外在环境影响，其中任何一种“境界风”，都会让人“心动”，并影响到人的情绪。

在我们身边的确会有不少人“心随境转”，认为烦恼的人和事（外境），才是让自己受苦的根源。他们认为，只要所处的环境变了，或是让自己讨厌的人不在了，自己就不会有烦恼了。我想说的是，即便这个令你讨厌的人不在了，还会出现让你更不喜欢的其他人。这件事情解决了，还会有更让人头疼的事情发生。

可见，没有什么能够真正伤害到你，除非你“认同”了这个伤害。当你的心起了反应，心理能量就会反作用在自己身上。很显然，最好的方式就是“心不动”。

当然，这对于生活中的平常人来说，很难一下子做到。退一步讲，即便是“心动了”，但能抱持“正视”一切的态度，不理、不睬，或者说“心”不再继而起反应，只是觉知当下发生了什么，就好像“你来了，我知道你来了”“你走了，我又知道你走了”，不再继续纠缠其中。如此正视当下的实相，一切的恐惧不安、焦躁怨恨，才能真正化解。

那么，如何做才能保持正视、心不随境转呢?

王阳明有言：“未有知而不行者。知而不行，只是未知。”你了解得再清楚，明白得再详细，可是没有切实走上“正视当下”这条路，只是未知，痛苦依旧存在。

心理学中有个著名的“2 分钟定律”，它是指如果你想做一件事，一定在 2 分钟之内去做，否则，这件事你可能就会拖延好久，甚至不去做。

所以，我们首先要走在摆脱焦虑的路上，不能只做个旁观者，如果你不亲自在这条路上走一走，方法永远只是知识，改变也永远是别人的故事。

在这里，我们强调的是马上行动起来，将 2 分钟定律内化，也只有及时去实践方法，才能真正看到情绪的实相，不再害怕它、打压它。

接下来的内容，我也会介绍更多的方法，这些方法都是可以有效帮助你摆脱焦虑的方法，在不断实践的过程中，你会发现自己正变得越来越平和，自然就可以慢慢做到轻松淡定地生活。

第五节

极简法 2：镜子练习，爱自己，接纳不完美

现代心理学研究表明，一个人与自己的关系，决定着他与这个世界的关系。换句话讲就是，当你的工作、生活、情感出现问题的时候，往往反映出我们和自己的关系存在问题。

镜子练习是一个可以深入内心、疗愈我们与自己关系非常好的方法。并且可以让你学会爱自己，接纳自己，将这个世界视为安全又充满爱的地方。只要持续进行这个练习，最后你都可以穿越那些自我批判和否定，从而遇见最真实的自己，拥有和谐的人生。

要知道在我们的头脑中，你所有的观念、想法都是由一系列“肯定句”呈现的。这些“肯定句”是你给予潜意

识的指令，并由此发展出我们的行为及思维模式，再由这些模式发展出我们的内心世界。所以，正向的肯定句可以疗愈身心，改变不良的思维模式，重新建立自信与自爱的和谐内在，让身心更加融合与平静。

当你站在镜子面前，大声地说出那些有能量的肯定句，内心的爱自会升起。通过镜中的自己，你会很快察觉到内心的声音，镜子能真实地反映你对自己的感觉，看着镜中的自己，并大声地对自己说出那些肯定句，你将可以勇敢地面对自己、接纳自己。

这里介绍的镜子练习是一个可以帮助你学会爱自己、接纳自己的简单练习。这个练习做起来非常简单，你所需要的仅是一面镜子。

那么，这个练习怎么做呢？

具体步骤：

1. 首先找个有镜子的地方站着或坐着；

2. 深深凝视自己的双眼，做三个深呼吸；

3. 缓缓说三遍："对不起，请原谅，谢谢你，我爱你！"

4. 继续做三个深呼吸；

5. 看着自己的眼睛，对自己再说三遍：“对不起，请原谅，谢谢你，我爱你！”

练习中注意：

每天至少练习一次，也可以根据自己的感觉，重复地做几次，但每次练习时间不宜超过 3 分钟；至少持续练习 7 天。

在生活中，每当你看到镜子中的自己或水中自己的倒影的时候，也可以不断重复上面这句话：“对不起，请原谅，谢谢你，我爱你！”如果环境不允许出声，也可以在心里默念，但一定要看着镜子或水中的自己来做这个练习。

没有一个人的成功来自纸上谈兵，只想而不行动，是不行的，唯有去实践，镜子练习才能发挥它的效果。去做，真的会有所不同。

第六节

系统训练法 1：敲击穴位调心法

想要尽快解决焦虑问题，除了头脑上的理解，还需要一个调节脑部激素、改善焦虑的方法——敲击穴位调心法。在人的大脑中，杏仁核与情绪密切相关，接下来，你跟我一起做的这个敲击术能够阻断应激反应，从而摆脱情绪困扰。

1. 首先，选择一个舒服的姿势坐好，然后把眼睛闭起来，做 3 次深呼吸。深深吸气直到不能吸为止，然后用力吐气，直到不能吐为止。深呼吸是为了让心慢慢安定下来。

2. 敲击“手刀点”。

手刀点在手掌侧面小指根部到手腕之间的位置。用一只手的四根手指敲击另一只手的手刀点。

敲击手刀点的同时，在心中默念：“我虽然很担心不好的事情发生，但此刻我还是选择放手”“尽管我总是胡思乱想，但我还是全然地接纳我自己”“尽管我总是担忧身体状况，但此刻我还是选择体会当下的安全”。

3. 按照顺序敲击 8 个穴位，并对自己说出对应的语句。

具体内容如下：

敲击眉毛内侧攒竹穴，对自己说：“我释放一切的压抑和委屈。”

敲击眼睛外侧瞳子髎穴，对自己说：“我释放一切的焦虑和紧张。”

敲击眼睛下方四白穴，对自己说：“我释放一切的愤怒和怨恨。”

敲击鼻子下方人中穴，对自己说：“我释放一切的自责和内疚。”

继续敲击下巴承浆穴，对自己说：“我释放一切的恐惧和担心。”

敲击锁骨气舍穴，对自己说："我释放一切的失落和悲伤。"

敲击腋下极泉穴，对自己说："我释放一切的压力和束缚。"

敲击头顶百会穴，对自己说："我现在愿意释放一切的负面情绪。"

4. 把手放到身体两侧，做 3 个深呼吸，再做一轮敲击 8 个穴位的练习，并说出对应的语句。

敲击眉毛内侧攒竹穴，对自己说："我现在释放一切自卑感。"

敲击眼睛外侧瞳子髎穴，对自己说："我现在释放一切挫折感。"

敲击眼睛下方四白穴，对自己说："我现在释放一切沉重感。"

敲击鼻子下方人中穴，对自己说："我现在释放一切孤独感。"

敲击下巴承浆穴，对自己说："我现在释放一切压迫感。"

敲击锁骨气舍穴，对自己说：“我现在释放一切无助感。”

敲击腋下极泉穴，对自己说：“我现在释放一切不安全感。”

敲击头顶百会穴，对自己说：“我现在释放一切一切消极感受。”

5. 再把手放到身体两侧，做 3 个深呼吸，做一轮正能量积极的敲击。

敲击眉毛内侧攒竹穴，心中默念：“我选择放下，我选择放下。”

敲击眼睛外侧瞳子髎穴，心中默念：“我选择接纳，我选择接纳。”

敲击眼睛下方四白穴，心中默念：“我把紧张转为放松，我把紧张转为放松。”

敲击鼻子下方人中穴，心中默念：“我把不安化为平静，我把不安化为平静。”

敲击下巴承浆穴，心中默念：“我把消极改为积极，我把消极改为积极。”

敲击锁骨气舍穴，心中默念：“我以祝福取代担心，我以祝福取代担心。”

敲击下巴极泉穴，心中默念：“我选择平静与安定是我的生命，我选择平静与安定是我的生命。”

敲击头顶百会穴，心中默念：“我具有无限的爱与智慧，我具有无限的爱与智慧。

6. 把手自然放好，把注意力放在当下鼻孔的呼吸上，在心中给自己一个大大的拥抱，告诉自己：我爱我自己，我全然地接纳我自己。

特别注意：如果敲击穴位的同时，无法记住相对应的语句，可以睁着眼睛边诵读句子边做敲击练习。

第七节

系统训练法 2：矛盾意向法——出奇制胜的逆思维

古罗马哲学家爱比克泰德曾说：“人不是被事情本身所困扰，而是被其对事情的看法所困扰。”

在现实生活中，很多心理问题及心理障碍，它们本身并不可怕，对人的影响也远没有我们想象中的那么大。给我们造成困扰的，往往并不是那些症状及表现本身，而是我们对它的看法及态度。

比如失眠，生活中很多人都或多或少有过失眠的经历，但是，为什么有的人会谈到失眠而色变，而有的人却能云淡风轻呢？

本质的区别在于我们对失眠的态度。我们在面对失眠时，越是着急快点儿入睡，越会产生焦躁情绪，就会更加难以入睡。而越睡不着就会越焦虑，时间长了，这种恶性循环会让我们对“失眠”产生恐惧和担心。这个恐惧和担心感觉，会进一步加重我们内心的不安，加重失眠的症状。

基于以上原因，奥地利心理学家维克多·弗兰克尔创立了一种新的心理疗法——矛盾意向法！这个方法非常简单，就是让来访者往摆脱和消除症状的相反路子走，即让来访者去刻意加剧症状的表现，从而减少内心的抗拒，进而达到真正的治愈。

曾经一位社交恐惧症患者找到心理医生，说自己一见到陌生人就会脸红，全身出汗，感觉心跳急速加快，以至于都不敢出门，生怕见着陌生人。心理医生告诉他：“以后见到陌生人的时候，就想办法让自己的脸更红一点儿，让自己全身出汗，争取把一身淋湿。争取让自己紧张到心跳 120 次以上。”

这位患者带着他的建议，在面对陌生人的时候，开始还会本能地抗拒和害怕。但是，当他刻意加重自己症状的时候，刻意想让自己脸红、出汗、心跳加快的时候，他发现自己反而感觉放松了。而那些症状也没有加重，刻意想出汗却一点儿汗都没有了。

同样的，这个方法也可以应用在解决失眠问题上。曾经有一位老红军，因为失眠问题找到心理咨询师。这位老红军自述是整晚都睡不着，连吃药都不管用。咨询师说：“真的是整晚都睡不着吗？”这位老红军怒了，说：“我这么大岁数的人了，难道还骗你不成？”咨询师又说：“好，那你今晚回去就躺在床上，千万不要让自己睡着。假如真的一整晚都没睡着，你过来，我帮你调整好。”

过了几天，咨询师得到了反馈，当老红军刻意不让自己睡着的时候，发现即使努力睁着眼，自己也会莫名其妙睡着，想不睡都不行。

失眠人群一般都有预期性焦虑心理问题，就是说一到睡觉的时候，就会开始各种担心，比如“今晚会不会失眠？”“两三点就醒了怎么办？”“睡不够 8 小时会不会影响健康？”诸如此类的问题不由自主冒出来。这种担心会传输到大脑，激活大脑中的神经元，也正是这种恐惧导致了所担心的事情发生。当你对“想睡觉”这件事投入了太多的注意力时，结果只会适得其反。

而矛盾意向法，是利用逆思维，让你努力去做所担心发生的事情，或者刻意期盼与真正愿望相反的事情发生。这样一来，焦虑感就会被反向愿望所替代，结果自然是想不睡着都难。

矛盾意向法就是以先发制人的方式，克服对逆境的预期焦虑，让人从焦虑中放松下来，从容面对生活中的各种事情。

很多时候，心理问题的根源在于内在的心理冲突。当你顺着症状跑的时候，这个冲突也就不存在了，症状也会自动得到化解。

在使用矛盾意向法前，先要了解两个核心内容：一方面，正是恐惧导致了所害怕的事情出现；另一方面，过度渴望使其所希望的事情变得不可能。所以，只有准确地理解这两句话，才能调整好自己的心理问题。

简单来说，这两句话的意思就是：因为害怕发生而发生，因为过度渴望而得不到。

运用矛盾意向法时，重要的一点就是要具体去实践，而不是只停留在头脑中，只有去实践才会有体会和改变。

第八节

系统训练法 3：手部冥想练习——感知定力化解紧张

我们的想法对情绪和行为都会产生很大的影响。但是那些想法往往是自动引发的，在出现的时候很难觉察到，等消失之后才有所感觉。

一次又一次，我们总是试图去改变自己这种被动的局面，避免自己再次卷入头脑的旧有模式当中，但是往往难以如愿。

那我们要如何才能做到呢？如何在出现负面情绪的时候，不被那些负面情绪带着走呢？如何避免陷入一种不自知的恶性循环状态中呢？

接下来的手部冥想练习，是融合了正念冥想及自我催眠技术、操作简单且能不断培养我们觉知力的一个练习。

当我们对于双手保持觉察的时候，我们的心便可以安住在当下。一颗安住于当下的心，自然就是一颗平稳的心。而一颗平稳的心也就会远离负面情绪的干扰。

练习前准备：

首先，找个安静不被打扰的环境坐下来，将身上所有的束缚去掉，比如眼镜、戒指等，让自己处于一个不被束缚的状态。

练习步骤：

1. 将眼睛轻轻闭上，做几个深呼吸；

2. 想象自己从头到脚慢慢开始放松；

3. 放松之后，把双手放在大腿上，并将注意力集中在手上，充分感知双手，从皮肤到肌肉，从手指到手腕，从手背到手心，再去感受双手与大腿的接触；

4. 把双手放到胸前，掌心相对，手指并拢，把双手合起来，感觉双手的接触；

5. 将手掌上下交替移动，摩擦手掌，再去体会双手摩擦时的感觉；

6. 双手摩擦到微微发热，然后停止摩擦，再去感受此时双手皮肤的感觉；

7. 将温暖的双手放于双眼上，感受眼睛与掌心接触的感觉，在这个过程中，可以想象温柔的气流正包裹着你的双眼，也可以想象有股温热的气息正通过你的双眼传遍你的身体，给你的身体注入新鲜的活力，同时也化解了你体内所有的负面能量；

8. 最后，将双手自然放回身体两侧，将注意力带回到当下的环境中，慢慢睁开眼睛。

手部冥想练习注意事项：

1. 不管发生什么，比如走神了、想着其他事情或者没有任何感觉，都没关系，只需要按照步骤再把注意力拉回到双手上就可以了，不用去评判或责备自己，就只是去体会、去感受，去觉知当下；

2. 不要有“做得好”“成功”“失败”等想法，这不是比赛，也不是你必须掌握的某项技能，你只需要带着开放、好奇的心去做就可以；

3. 不要带着强烈的目的心去做练习，可以把它想象成一颗成长的种子，你越能以一颗开放的心去练习，你成长得就会越快。

在这里，为了你能更好地体会这个觉知力的练习，我也为你准备了一套手部冥想练习的引导词，你可以熟读几遍，然后按照自己的感觉去练习。

手部冥想练习引导：

首先，请找个安静不被打扰的环境坐下来。

将身体所有的束缚去掉，摘下眼镜和首饰。

让自己处于一个放松不被束缚的状态。

轻轻将自己的眼睛闭起来。

眼睛一闭起来，就开始想象自己的身体开始放松了。

深呼吸。

深深地吸气，缓缓地呼气。

在深呼吸的过程中，尽量拉长你的呼吸。让你的紧张感随着深呼吸而逐渐消散。

继续保持深呼吸。

现在，请把你的双手放在大腿上。

将你的注意力移至双手。

充分去体会你双手此刻的感觉，

从皮肤到肌肉，

从手背到手心，

从手指到手腕，

带着这种察觉，去体会双手与大腿接触的感觉。

感受下它的温度。

不管现在是什么感受，就只是如实去感觉就可以了。

现在，把你的手放到胸前，

掌心相对，手指并拢，把双手合起来。

试着去感觉指尖与指尖的接触，

感受骨节与骨节的碰触，

感受手掌与皮肤的接触。

就这样，保持着对于双手的觉察。

现在，试着将手掌上下交替移动，摩擦手掌。

再一次，去感觉指尖、骨节、手掌皮肤摩擦的感受。

在这个过程中，感觉掌心温度的变化。

你的掌心开始微微发热了。

随着你的手掌摩擦速度渐渐加快，

你会感觉到你的手指也开始发热了。

双手越来越温暖了，非常舒服，内心非常宁静。

好，现在停止双手的摩擦。

试着去感受一下，双手停止后的皮肤感觉的变化。

也许是微微发麻，或者有痒痒的感觉，或者其他的感觉。

只是去静静感受此刻手部的感觉。

是什么感觉就是什么感觉。

继续保持对于手部的感觉，

将温暖的双手放于双眼上。

感受眼睛与掌心接触的感觉。

感觉温柔的气流正包裹着你的双眼。

想象这股温热的气流正通过你的双眼传遍你的整个身体，

给你的整个身体都注入了新鲜的活力，

化解了你体内所有的负面能量。

就这样，和自己在一起，体会这种温暖而又安全的感觉。

好，请将双手自然放回身体两侧，

将注意力带回到当下的环境中。

慢慢睁开你的眼睛。

（此次冥想结束）

05

失眠不可怕，
可怕的是害怕失眠

第一节 失眠不可怕，可怕的是害怕失眠

在和失眠患者沟通的过程中，我发现，很多人的失眠是由焦虑等负面情绪造成的，本来失眠并不严重，只是偶尔的情况下没睡着，但是由于不能接受失眠的事实，睡不着就会陷入焦虑中，会想到很多失眠带来的不良后果，进而焦虑的情绪加重了对失眠的恐惧感，人在焦虑恐惧的状态下当然是更睡不着了。

如果用一句话来形容这种心态，那就是“失眠不可怕，可怕的是害怕失眠”。通常情况下，失眠者可以分为两种情况，一种是“被动失眠者”，另一种是“主动失眠者”。

什么是“被动失眠者”呢？我们来看一个案例：

某来访者，32 岁，从事互联网工作，失眠近半年。

得知亲戚得了乳腺癌，当天晚上就有点儿没睡好，加之平时工作节奏快、压力大，更加剧了她对睡眠的担心，怕一直睡不好，影响身体健康，开始变得紧张兮兮，一到天黑就开始担心，怕见不到明天的太阳，强迫自己赶紧入睡，在心中不断跟自己说“快睡，快睡”，可是，越想睡越睡不着，本想着起来小便一下，就能安心睡下，但回到床上反而更焦虑，越努力想睡，就越清醒；有时，想趁着困意早点儿上床，想着也能补补觉，结果折腾得更厉害：一遍一遍上厕所，好不容易睡会儿，还做上噩梦，这使她更加恐慌。她白天害怕晚上睡不着，晚上又担心睡不好会影响第二天工作。后来她一看到床就犯怵，再加上经常尿频早醒，让她对睡眠这事儿彻底失去信心！

这位来访者的症状是典型的失眠恐惧症，也称为焦虑性失眠。偶尔的失眠体验，使得她脑回路中刻上了对“失眠”的恐惧，从害怕失眠到把失眠“坐实”。

失眠不可怕，可怕的是害怕失眠。

首先，不少人会把偶发的入睡困难、早醒、多梦当成“异常”现象，感到慌张不已，然后不断地关注睡眠。这种对睡眠持续的关注，就会让头脑、意识刻意地注意睡眠问题，最终导致真正走上失眠道路。

我们说，凡事都有度，适度的反应都是正常的，要正确看待。比如，明天你要参加一个非常重要的会议，或者一次非同寻常的面试，再或者要去参演一个重要角色，躺在床上时，兴奋、紧张的心情让你久久不能入睡，这都是正常的。对于这种偶尔出现的小状况，你需要抱持开放的态度，允许它的出现，放下对“快点儿入睡”的执着，自然就不会演变成长期失眠的情况。

处于失眠障碍初期的人，大多不了解睡眠是在不知不觉中发生的。仔细回想一下，有多少时候，是你知道自己睡着了而入睡的呢?

睡眠是一种自然的生理现象，是与生俱来的本能，就像心跳、呼吸一样，是不需要习得的。刚出生的婴儿没有学习过如何睡觉，吃饱喝足后就睡得香甜无比，这就是人的一种本能。

睡眠的过程也是不受大脑意识所控制的，你越是强求自己入睡，越是感觉睡不着。运转一天的身体，到了晚上会自动转换至休息模式，在身体需要的时候自然入睡。所以，当你放下强求，不去关注自己有没有睡着时，睡眠反而会不请自来。

那么，睡眠不受大脑和意识控制，它又听命于谁呢？

从西医角度讲，它听命于植物神经，植物神经调节内脏器官的活动，比如心脏、肠胃等。

从中医角度讲，它是由“心”支配的，而“心”与“意”又是紧密联系的。中医所说的“心意相通”便是失眠的破解之道。

我们的身体内有一个器官，可以让心和意和谐统一，那就是肺。你还记得小时候心情紧张的时候，妈妈让你做的深呼吸吗？就是如此神奇，做深呼吸可以缓解焦虑感，让身心放松，身心平静了，自然就睡得香了。

找到了媒介，就好说了，既然肺是“心”“意”的桥梁，睡眠又是自然现象，我们便可以将与生俱来的呼吸作为工具，利用静卧观息法，持续地专注在自然的呼吸上，达到守心安神的状态，从而轻松入睡。关于静卧观息法的具体内容，会在本章后面的“系统训练法2”中详细讲解。

那么，什么是“主动失眠者”呢？

主动失眠者在我们身边更为常见，我的一位朋友就是典型的主动失眠者。都说科技改变生活，但是对于我这位朋友来讲，科技却破坏了他的生活！

看到朋友圈大家都在晒睡眠质量曲线图，他本不失眠，完全是出于好奇，他也找到了这款软件，然后开始测自己的睡眠质量。但是，当他看到软件上显示少得可怜的深度睡眠时，他开始焦虑了，总是会冒出来各种担心：今晚是不是还是只能有 1 个小时深度睡眠呢？明天会有怎么样的睡眠分数？他一次又一次地“成功失眠”了。即便有时候醒来觉得睡得还可以，但一看到软件上“睡眠质量很差”的检测结果，就又会在担心和烦躁中度过这一天。

睡眠，原本是一件非常美好的事儿，是让身心放松、大脑休息的事儿，却被他搞得像考试一样。关于这些软件数据的信度、效度，我们暂且不说，就说“观测睡眠”这件事，本身就是在给自己“挖坑”。

因为在你观测的时候，你的意识就对睡眠产生了疑虑，进而产生一系列的期待和预设，比如“明早就能知道今天睡眠怎么样了”“我得赶紧睡着，一定要比昨天好”，等等。睡觉仿佛成了任务，那些追求“秒睡”的朋友，更是在苛求自己达到一种理想状态。

意识能控制你的四肢，却控制不了睡眠。

你的大脑告诉手“去拿那块最大的牛排吃”，手很听话，直接拿来吃掉！大脑告诉腿，“跑快点，追上那辆公交车，要么就迟到了”，可能你就成了“飞毛腿”。

而睡觉和内脏、血管等器官一样，都是受植物神经控制的，不受意识支配。你跟心脏说“跳慢点儿”，它能听你的吗？你跟血液说“流快点儿”，它能如你所愿吗？同理，意识也控制不了睡眠。

你得让自主神经发挥作用，那如何做呢？简单来说就是“放弃抵抗”，当你放下对睡眠的抵抗时，睡眠这种自然节律会自动发生。

很多有睡眠障碍的朋友，一开始听到这些道理，当晚就睡着了，感觉找到了方法；但是过两天，又不行了。那是为什么呢？明白了这些道理，还是睡不着；甚至有时感觉要睡的契机来了，快睡着的时候，开始检查自己是不是真的要睡着了……得，又妥妥地睡不着了！

无论你吃安眠药，还是做理疗或者用什么其他的方法，你首先得看清，你是不是有“让自己快点儿睡着”的这种想法。如果有的话，这种想法本身就跟睡眠背道而驰。我们要做的是让睡觉这件事儿回归到自然状态，放下戒心，放下对睡眠的任何期盼，放下任何“我要……”的想法。当你放下对睡眠的执念，下定决心“什么都可以不要，包括‘睡眠’”，你才能重新获得优质好睡眠！

第二节

辟谣：失眠的危害没有那么大

有位来访者笑称：失眠的老毛病，时不时就上演一段，持续时间不等，结束时间未知。进一步了解，才知道，他所说的失眠是没有睡够 8 小时。

有研究表明，大部分人是不需要 8 小时睡眠的，7 个小时的睡眠时间让他们更长寿。仅从睡眠质量而言，时间的长短更不是衡量睡眠好坏的标准。有时，睡眠过多反而让我们昏沉和疲惫。

英国睡眠研究专家格雷格 · D. 贾克布指出：跟体能活动不足、吸烟和压力相比，睡眠时间对健康的影响更微弱。因此，睡眠时间只是相对因素，重要的是睡眠质量，如果能够进入深度睡眠状态，哪怕睡眠时间只有两三个小时，也足以满足生理所需。只要祛除了身体的疲劳感、获得了良好的精神状态，就说明你休息得不错。

每个人的睡眠节律都会有所不同，即便同一个年龄段的人，也一定会有个体差异，有的老年人每天睡 4 个小时就够了，有的却要足足睡上 9 个小时。同一个人在不同阶段、不同状态下的睡眠要求也是不一样的，每天消耗的能量不同，需要的睡眠时间也就不一样。

我们每个人都是独立的个体，体质、性格也不一样，对睡眠的需求也会有所不同。只要你第二天状态很好，就说明你的睡眠是优质的。还是那句话，只有适合你的，才是最好最健康的。

在我的来访者中，有两位比较典型。一位是刚刚退休的职工，他在工作的几十年里，每天都在“早上六点就要起床”这件事上挣扎，他确信自己应该有更长的睡眠时间。终于，退休后的他开始享受每天能睡到九点甚至十点了。可没两周，他发现自己晚上躺在床上，翻来覆去折腾好几圈才能睡着，这种状况愈演愈烈，有时甚至两三点还没睡着。

另外一位是周末失眠症的来访者，周五晚上就开始周末狂欢，有时候，一到周末就要通宵达旦。当然，我不反对适当放松一下，但是最好不要太晚，如果你能在晚上11点前睡觉是再好不过的。你只要确认偶尔的加班或者偶尔不太规律的生活作息，不会引起睡眠障碍，一两次作息时间的打乱也是没什么问题的。

每个人的身体都有一个自己的生物钟，我们需要遵从它去生活，否则，它可能会让我们“好看”。因此，遵从自己的睡眠生物节律，相对规律地生活是非常必要的。

最后，不得不说，有些媒体和药商，很多时候在夸大失眠的危害，这无形中加重了民众对睡眠问题的恐惧感，甚至诱发失眠。就像吃饭一样，吃没吃饱，你自己最清楚，睡没睡好，更要相信自己的感觉。

即便会有几次睡不好，那又怎么样呢？谁还没有几次没睡好的经历呢？偶尔睡不着、睡不好，肯定不足以威胁到我们的身体健康。不计过往，让我们只把今晚的睡眠当成新的开始就好了！

第三节

80% 以上的失眠是心理因素所导致的

到底是什么原因导致我们经常会入睡困难、早醒、多梦易醒呢？除了特殊的身体疾病或环境因素外，失眠 80% 以上的原因，都是我们心理因素导致的。

一定要睡好了，明天才能头脑清醒，注意力集中；晚上睡踏实，白天办事才能顺利，考试才能发挥好……这些把睡眠当成生活工作前提的人，恰恰说明了一件事儿：尽管我们一生中有三分之一的时间用于睡觉，但我们并不是那么擅长它。

在医学中，同样将失眠症归于“心理因素相关生理障碍”的范畴。那么到底是哪些心理因素所致的呢？

（1）易感特质：

遇到事情容易敏感、多疑、多虑；刻意自省而过度在乎别人的看法；事事追求完美；容易担心、忧虑、压抑“本我”中的原始冲动，试图否定和抵制恐惧，情感抑制性强；固执、疑病素质、刻板等都是容易滋养睡眠障碍的“温床”。

（2）潜意识冲突：

潜意识处理问题的方式是不受意识支配的，在错误的睡眠认知影响下，易形成强烈的焦虑和恐慌情绪。当然这些错误的认知包含社会层面的和个人层面的，这些情绪会加大入睡的难度，形成一种恶性循环——越想睡越睡不着，越睡不着越焦虑，越焦虑就更睡不着。

（3）心理症状：

抑郁、焦虑等心理症状是失眠的重要因素，可能是由某个特定事件作为导火索所引发的持续性焦虑、烦躁、悲伤、紧张不安，也可能是没有什么事件引发，甚至在外人看来自己的生活工作都是顺风顺水的，但就是被抑郁、焦虑情绪所笼罩，无法摆脱。而抑郁、焦虑的心理状态，在夜幕降临时，会转而表现在睡眠上。比如焦虑的情绪会引起对睡眠的过度关注，从而引发出虚汗、尿频等的躯体症状表现。

因此，除了保持规律的作息和健康的饮食习惯外，排解心理上的紧张焦虑等情绪，才是解决失眠的根本之道。

第四节

总是做梦，是不是太焦虑了？

有谁从来没做过梦吗？请举个手！

虽然看不到各位举手的情况，但是，我相信，几乎没有人从来没做过梦，连很小的小朋友，也会有做梦的经历，如果梦到吃好吃的，会在睡觉时吧唧嘴，如果梦到找不到妈妈了，会在梦中哭醒。

常被我们挂在口头上的一句话是：昨晚做了一夜的梦，都没顾上睡觉，累死了！

事实上，人在入睡后，一小部分脑细胞仍在活动，做梦是人体的一种正常且必不可少的生理和心理现象。

人的睡眠是由正相睡眠和异相睡眠两种形式交替进行的，有研究表明，在正相睡眠中被唤醒的人有 7% 正在做梦，而在异相睡眠中被唤醒的人有 80% 正在做梦。每晚的梦境可间歇持续 1.5 小时左右。所以，在这样的循环规律下，在正相睡眠中醒来的人，感觉梦少，而在异相睡眠中醒来的人，会感觉梦比较多。并且，能够被我们记得的梦境，是最接近我们醒来时候的最后那段梦境，而刚入睡时的梦境早就消逝得无影无踪了，这也是我们感觉梦多少的另一个原因。

可能有人会有疑虑了：那我觉得自己很少做梦，是不是不好呢？如果你白天的情绪状况平稳，大可不必为此忧虑，可能在你醒来时，正好处于正相睡眠阶段，你当晚的梦已经收官了，醒来当然不记得做过什么梦了。

所以，无须为梦的多少而担忧，而是更应关注梦和情绪的联系。

正所谓，日有所思，夜有所梦。哈佛大学的罗伯特·斯第高特教授曾经做过一项关于梦境的实验：参加实验的年轻人需要在两周内详细地写下自己的生活细节和当下的情绪困扰，在此期间，也需要尽可能写下能记住的梦境。当斯第高特教授拿到梦境报告时，经过与参加实验者的生活比对，他发现日常生活中的场景在这些人的梦境中的占比不过1%—2%；但是，教授也发现了日常情绪和梦境的重要的关联，大概35%—55%的情绪困扰会重现在梦境中。

到这里，相信你对梦有了更加客观的认识。如果你觉察到自己昨晚做梦了，不要着急说“累”“没睡好”，先回忆一下，在这个梦境中，你整个人的情绪状态是怎么样的呢？如果在一段时间内，你在梦境中持续呈现出紧张、害怕、忧郁等负面情绪，这可能跟你近期白天的情绪状态有关。

随着现代心理学的发展，人们对梦的研究也越来越深入。事实上，做梦不仅无害，还可以在某种程度上，释放一些压抑在潜意识里的负面情绪。另外，梦境也是在通过一种更加直观的方式向你发出预警，提醒你，该去处理一下内在积压的“存货”了。

第五节 你该知道的，不失眠的大智慧

白天做好两件事儿，静心安神睡好觉。

假如你要参加一项考试，书虽然看了一遍又一遍，时间也被一点点耗尽，每一遍学习都是“水过地皮湿”，不能深入进去，每次一拿起书就想上厕所、喝水，2个小时过去了，从学习效果上来看，感觉好像都懂了，实际是一考就泡汤。这样的学习效果，再来一次，结果可能更糟糕，因为0.5乘以0.5等于0.25。

从心理状态上来看，你白天为不能集中精力高效完成任务感到无力，晚上又在为白天的拖延懊恼、自责，睡前脑袋里忙着“打架”，第二天状态更是雪上加霜。很显然，这种状态日复一日地叠加，只会让你的睡眠质量越来越糟，陷入可怕的恶性循环。

要打破这种困局，需要从两个方面入手。

第一，拒绝拖延，提高专注力。

你当然知道“明日复明日”的道理，但还是会不由自主地拖延。首先，你得允许自己有拖延的欲望：惰性是人的本能。但允许不代表认同，这是两回事。你允许时，代表你承认自己是个普通人，否则只会陷入和本能对抗的纠缠中，做那些费力不讨好的无用功。

对于总是拖延的人，不要考验人性，觉得自己可以一定程度上灵活安排。可以试着从按照既定时间关闭手机、按照既定时间不刷剧、按照既定时间好好学习或工作开始。人总是会趋“利”避“害”的，如果还是做不到，那么，不能抵制诱惑就远离诱惑。

另外，还有一点很重要，不要小看每一天的成果，虽然没有完全按原计划完成，但只要动起来了，就是很棒的！你已经开始改变了，剩下的就是坚持。当然，及时调整自己的计划，合理安排适合自己的内容，也是非常必要的。然后，坚定不移地干下去，才是你蜕变的开始。

看到这里，可能有人会说：“不拖延我有信心去做了，但是，效率不高也不行啊！”是的。你首先需要提高专注力。研究表明，你白天工作、学习的专注度越高，交感神经越忙碌，夜晚到来时，你的副交感神经也就能最大限度地发挥作用，为你带来好的睡眠。

说到专注力，不得不说到“觉知”，想要注意力能够持续专注在一件事情上，你必须对自己的心是清楚的，它开小差时，你首先得“知道”，才能有“选择”。

没错，觉知就是“知道”的意思。当你又在准备看书时打开了手机，你对自己这样的行为是心中有数的，正专注学习的你大概会选择“放下手机”，但即便你选择看，对于看的过程你也是清楚的，是有节制的，如此，你就能有更多的精力放在学习这件事儿上。

对于一开始接触的朋友来讲，可能不太好把握，那么，你需要一些提升觉知力、专注力的训练，可以通过静坐观息法培养定力。

第二，管理好情绪。

觉知力不仅能够让你专注力提升，更重要的是，能够让你清醒。

有一位女学员说，看到昨天晚上交代给老公的事儿，到第二天早上他都没有完成，内心顿时火冒三丈，便向他吼道："跟你说了多少遍？不把我的话当回事儿，是吗？就知道打游戏，什么都不管！我就纳闷，打游戏能当饭吃吗？赢了又能怎么样，能当钱花？这个家是我自己的吗？你是空气吗？我要早知道你对家庭这么不负责，就算全天下男人都死光了，我都不会跟你结婚！"

生活中，有些人是"火药桶"，一点就爆，人人避之唯恐不及；有些人则在外是"老好人"，回到家全盘将负面情绪转嫁给下意识认为最安全的人身上，说白了就是最亲近的人成为了他们的撒气桶。

这类人既可怜又可悲。可怜的是，连他们自己都不清楚自己的负面情绪已经超过了承载负荷；可悲的是，负面情绪的发泄，不但没有解决问题，还把日子过成了一地鸡毛。

因此，能够及时觉知到自己开始升起了“怒火”“怨恨”等情绪尤为重要，你不仅有选择“及时止火”的权利，还能有幸观察到它的消失，不要让无关的事情浪费自己太多时间，当然，也不能允许消极情绪造成内耗。能够掌控自己的情绪，是一件多么值得骄傲的事儿！

白天，我们越能全身心觉知当下，晚上，就越能放松下来，安然入睡。更何况，白天情绪状况平和了，夜晚也能安心睡好觉！白天多用智，晚上多用慧，做一个有智慧的人，烦恼自然少。

第六节

极简法1：快速入睡的“478”呼吸法

失眠，更多的不是因为身体生病了睡不着，而是因为我们的心生病了，然后导致我们想得太多，心里都乱成一团毛线球了，怎能睡得好呢？

“478”呼吸法在医学上被称为“神经系统的镇静剂”，这个方法是由古印度的一种叫调息的方法演变而来的。

有研究表明，“478”呼吸法是通过重复的呼吸动作，让更多的氧气进入肺部并在里面流动，使交感神经放松，从而减轻压力，消除紧张、焦虑情绪，让人真正平静下来并放松身体，轻松入眠。

从中医角度讲，“肺主皮毛”，深长的呼吸让肺吸入更多的氧气，可以使心脏跳动趋于平稳，规律的心脏跳动会让人在心理上获得安全感，产生有益于身心的内分泌激素，达到“平心静气”的功效，人的心平静了，自然睡眠就好了。

“478”呼吸法简单实用，掌握了这个方法，就可以在数羊、喝牛奶或是想尽办法都无法入睡时，用上它。

整个方法分为三步：

第一步，用鼻子深吸气，吸气的同时，在心中默念1，2，3，4；

第二步，屏住呼吸，屏气的同时，在心中默念1，2，3，4，5，6，7；

第三步，再用嘴巴呼气，呼气的同时，在心中默念1，2，3，4，5，6，7，8；

在心中默念4、7、8的时候，节奏可以根据自己情况掌控。一轮吸气、屏气、呼气为一遍，重复3遍为一组，然后恢复到正常呼吸，休息片刻，每次可以根据自身情况做2—3组，时间不宜过长，建议每天练习两次，连续练习3周左右，就能熟练掌握这个方法了。

还有一点需要注意，就是在练习时不要过度关注数数，不然会导致意识更清醒，更难入睡。

“478”呼吸法，不仅有助眠的作用，还可以帮助我们化解焦虑、紧张的情绪。这个方法不受场地的限制，如果是生活中遇到紧急情绪困扰，也可以随时用这个方法，缓解当下的焦虑情绪。

第七节

极简法 2：顺其自然的深度睡眠法

深度睡眠|顺其自然的高效睡眠法

很多焦虑性失眠者，都对森田疗法有过了解，但一些朋友的理解还不透彻或存在偏差，导致他们的睡眠问题毫无改善，甚至让他们对森田疗法本身的有效性产生了怀疑。究其原因是，这部分朋友只从字面上理解“顺其自然”，误解了“顺其自然”的真意，认为顺其自然就是任其自然，就是对自己的问题不加控制，任自己沉迷在失眠的痛苦中。

顺其自然

首先，我们需要了解“顺”的这个“自然”是什么。

“自然”就是指自然规律，月有阴晴圆缺，白天与黑夜不断更替，都是自然规律。自然规律当然是不以人的意志为转移的，人们必须遵循、接受这些规律，在这个规律下自由地创造生活，如果人总是讨厌下雨，或者觉得不应该下雨，结果肯定是要自讨苦吃的。

顺，可以理解为“允许”，允许一切的变化，允许失眠问题的发生，着眼于自己应该做的事儿上，该躺着躺着，该闭眼闭眼，失眠的不适感再次来袭、多次来袭、不断来袭，无论怎么样，你都是保持这个“允许”的态度，接纳各种不舒服的感觉，本着“既来之，则安之”的心态，允许一切的发生。

为所当为

为所当为不是为所欲为，更不是回避，是在生活中按需求去实践。很多焦虑失眠的朋友认为森田疗法就是不管症状，做自己想做的，情况就可以得到改善了。但事与愿违，失眠、恐惧等症状并没有消失，这是因为你没有真正理解森田疗法的“为所当为”。

为所当为里最核心的关键词是“当为”，“当为”进一步解释就是“该做的”。为所当为就是：做该做的事，不随着心意乱为。

生活中做好该做的事，不要总去想着治疗失眠，把为所当为作为解决症状的工具；也不要总把自己当病人看，什么都不做，这样的态度很难真正获得健康的身心状态；更不能逃避现实生活，想着“等失眠好了，我再去工作学习好好生活”，逃避的态度更不可能把你从失眠的谷底拉回来。

实践为所当为，直面痛苦尤为重要。如果不能忍受痛苦做自己该做的事，注意力都纠缠在“失眠问题”和你所定义的“失眠后遗症”上，那么想要改变失眠的状况，则是很不乐观的。

反之，无论睡眠多么糟糕，你都能够允许“失眠后遗症”的痛苦，着手做应该做的事，这样，原来集中在睡眠问题上的精神能量投向了外部世界，在行动中体验到专注于当下的平静，失眠症状也就会随之减轻乃至逐渐消失了。

事实为真

除了以上提到的要放弃抵抗之外，还要秉持“事实为真”的态度，摒弃主观上的“假”，遵从客观上的“真”，把纠缠“如何睡觉”的精力放在现实生活上，放在应该做的事情上。慢慢地你会发现，失眠本身对我们的实际生活并没有那么大的影响。

第八节

系统训练法 1：潜意识自我催眠法

我们的思想由意识和潜意识两部分组成，意识影响潜意识，潜意识又反作用于意识。

意识是可以进行推理、可以作出选择的，我们可以用意识控制某种行为，比如你可以选择吃什么，可以选择读什么书，也可以选择去哪里旅游。

而潜意识不能进行推理，也不同你的意识进行争论。它会依照我们内心所想的画面，构成真实事物。

如果把潜意识比作土壤，意识就如同种子，当意识中出现焦虑、紧张、担心的情绪时，这种念头就会转换成画面进入潜意识，潜意识从不区别好坏，它只会执行意识传递给它的信息。一旦这些明确的画面被潜意识接收，潜意识就会立即想尽办法把这个画面转为事实。

心理学家萨提亚提出“冰心理论”。他认为，人的意识就像是漂浮在水面上的冰山一般，能让别人和自己看见的只有露出水面的一小部分，它们往往只是冰山的一角；而隐藏在水下不轻易被人们看到的大部分冰山，则是潜意识。

潜意识是潜藏在意识底下的一股神秘力量，它的力量是意识的几万倍，我们要学会善用这股巨大的力量。

如果，当你躺在床上又开始翻来覆去，心烦意乱，胡思乱想睡不着时，不妨用自我催眠的方法来帮助自己入睡。

自我催眠其实是一件很容易的事情，一点儿也不复杂。我们通过植入一些易被潜意识接受的指令，可以让身心在较短的时间内放松下来，自然而然地进入睡眠状态。

自我催眠法具体做法：

1. 先平躺在床上，找个舒服的姿势，让四肢自由地伸展，全身完全地放松；

2. 闭上双眼，做三个深呼吸，然后回到正常的呼吸，再将意识放在眉心处，心中默念“我的头越来越沉了，整个头部都完全地放松了”，重复默念2—3遍，让自己一点点地放松下来，然后去感受头部轻松的感觉；

3. 将意识向下放到胸前两乳之间，默念“我的胸部越来越沉了，完全放松了”，重复2—3遍，然后感受整个胸腔放松的感觉；

4. 再将意识转到右臂和右手，默念“我的右臂和右手越来越沉了，完全放松了”，也重复2—3遍，感受整个右手臂放松的感觉；

5. 按照这样的顺序和方式，再将意识依次移动到左臂、左手、腰部、右腿、右脚、左腿、左脚，重复默念对应的句子：“我的左臂和左手越来越沉了，完全放松了”“我的腰部越来越沉了，完全放松了”“我的右腿和右脚越来越沉了，完全放松了”“我的左腿左脚越来越沉了，完全放松了”，并感受相应部位放松的感觉；

6. 从头到脚进行完一遍后，可以再从头到脚进行几轮。

要知道，失眠的根本原因是脑子里不停地胡思乱想，精神紧张，全身僵硬无法放松。而潜意识自我催眠的练习，就是在告诉你身体的每一个部位："我现在开始放松了，我要休息了。"

这个方法虽然看起来很简单，但效果却很神奇，我教给过很多失眠的学员，一般他们练习都没超过三遍就睡着了。

学会了潜意识自我催眠这个方法，你将能够调动潜意识巨大无比的力量，帮助自己安然入睡。

第九节

系统训练法 2：回归平静的观息法

在前面的章节中，我们已经讲了破解失眠之道的器官“肺”，接下来的两个系统方法，分别是用呼吸调整情绪的静坐观息法，以及运用呼吸来“治”失眠的静卧观息法。

呼吸的学问

人之所以有烦恼，往往就是因为想得太多。在这样一个信息泛滥的时代，可能都不需要你主动去获取，有用没用的会一股脑地冲上来，当你意识到时，它已经在你的潜意识里留下了印记。

就像有位来访者在疫情期间了解到新冠肺炎有发烧、干咳、乏力的症状，疫情不是小事，不能含糊，虽然家里防护做得很好，但他依然很担心，不停关注着疫情动向，尤其是新发病者的症状表现。

有一天，他起床感觉头晕目眩，还干咳了几声，便开始紧张，不断地在网上查询，对照自己的症状，还反复去医院检查。虽然他受过高等教育，非常相信科学，但控制不住地陷入了“万一”想法的纠缠中，随之而来的就是身体上的各种不适。

心理学中讲身心是一体的，情绪就像心电图一样波动起伏，每一次情绪的波动势必会干扰到身体状态，就像很多焦虑的来访者都会提到，自己常常胸闷气短、头晕心慌一样。

从宏观来讲，负面情绪的长期积压，就好像一个长久没有处理的垃圾场，又脏又臭的垃圾场对于人类赖以生存的空气、土壤、水质都会有重大影响。

从中医角度来讲，“喜伤心、怒伤肝、忧伤肺，恐伤肾”，情绪起伏跌宕也是有损身体健康的，只有情绪平稳才是健康养生之道。

化解情绪不容小视，那么如何停止纠结呢？去做观息法——观察你当下的呼吸。

呼吸，维持了生命的基本运转，呼吸的品质代表生命的品质。呼吸，这个再平常不过的现象，跟我们的心理密切相关。你可以觉察一下，当呼吸急促粗重时，整个人也会是焦躁不安的；当呼吸顺畅时，内心则是平静坦然的；平稳的气息会巩固体内元气，心脏会将这股力量输送到身体各个部位，血液循环也会更通畅，身心自然也就更加轻松、自在。

呼吸完全是实在的当下，就是生命的缩影。持续地观察呼吸，心就会变得越来越平静。

那为什么是观察呼吸，而不是其他呢?

从禅宗的角度讲，呼吸可以释放压力，净化心灵，增强人的智慧，也可以使我们回归当下，时刻处于当下的心，自然就没有了纠缠，没有纠缠的心何来痛苦呢?

观察呼吸通用且简单，是人人都能做、去做就有效的方法，跟其他观察对象相比，呼吸更简单，更便于观察。这是一个非判断、非思考的过程，能够尽可能避免引起人的贪恋和厌恶。

观察呼吸，就只是如实地以平等心、不纠缠的心感觉当下鼻孔处的呼吸进出。持续地观察呼吸，达到心定气和、百脉宁谧，可以让分离已久的身心自动融合，回归安详平和的身心状态。

静坐观息法

“息”就是当下的一呼一吸，观息法就是以持续专注的心，如实地观察当下呼吸，无论身体上有什么感觉，内心升起什么感受，或者是头脑中出现什么念头、想法，总之，无论经验到什么，都只是保持一颗平等心。

平等心就是平衡、平稳的心，即不判断、不分析、不联想、不纠缠的心。从心理层面来看，心由表层、浅层、深层所构成，观息法练习就是经由表层、浅层再进入深层的过程，每一层深入都是对心灵垃圾的清理，都是祛除不良习性反应的过程。

能够时刻保持平衡、平稳的心，自然整个人就是平静、自由、健康的。而静坐观息法就是发展“觉知”和“平等心”的实操方法。

静坐观息法的具体操作步骤：

首先，选择一个相对安静且不被打扰的环境，最好有窗户可以通风。穿着宽松、舒适的衣服，找个坚硬的地方坐下，不要太柔软，如果床足够硬实，可以选择床，或者找一个薄垫子铺在地上进行练习。

然后，将双腿盘起来静坐，保持腰背挺直，背部不要倚靠任何东西，闭上双眼。眼睛一闭起来，就将注意力放在鼻孔的呼吸上，以“平等心”原则观察、觉知鼻孔处的一呼一吸。

呼吸是什么样的，就感觉它是什么样的，不需要任何的调整、改变，你就像一个河岸边的观察者一样，就只是观察。不要干扰呼吸的自然流动，让一切顺其自然，就只是观察当下呼吸所呈现的样子，而不是你想要的样子。

对于当下呼吸的状况、头脑中的念头或者内心的感受，不做任何的判断、分析、联想和纠缠，就只是如实单纯地感觉当下鼻孔的呼吸。

如果你在观察呼吸的过程中，注意力完全离开了，跑到身体上的某个感觉，或者是头脑中的某个念头，再或者是外界的声音上，这种注意也是当下的发生，注意到了就只是注意到了，不用管它，继续保持“平等心”，把注意力再拉回来，持续专注在呼吸上。

静坐观息法练习的核心是“觉知”和“平等心”。也就是，知道了但不再继而参与反应，不管出现什么样的想法、念头，都不管它、不理它，继续将心再拉回到呼吸上。这就是这个练习需要做的。

在持续观察呼吸的过程中，可能会出现酸、痒、麻、痛等各种感觉，这是很正常的，也是初学者都会经历的，这主要是心理因素干扰了气脉的流通所造成的，持续的练习后，都会逐渐减退，到慢慢消失，这也是练习的一部分，是需要你去经历、去克服的。

另外，这个方法不是为了让我们受苦，恰恰是让我们以身体和内心的经验作为工具，来修炼这颗总是会焦躁不安、容易评判纠缠、制造问题的心。

第十节

系统训练法 3：告别失眠的静卧观息法

当你有了静坐观息法的基础，就可以练习静卧观息法了。与调整情绪的静坐观息法相同，静卧观息法的练习要点依旧是将注意力放在鼻孔呼吸上，保持“觉知”，保持“平等心”，不同的是静卧观息法不需要盘腿静坐，在睡觉前躺在床上练习就好了。

静卧观息法的具体操作步骤：

1. 就像你平时睡觉一样，躺在床上，闭上双眼，把注意力放在当下的一呼一吸上，就只是去感觉鼻孔处的呼吸进出；

2. 就只是如实地感觉当下鼻孔处的呼吸状况，单纯地观察当下的一呼一吸，如果是长的呼吸就感觉是长的呼吸，如果是短的呼吸就感觉是短的呼吸，如果呼吸不明显就感觉是不明显的呼吸，不要以自己想要的样子去改变它，呼吸是什么样的现象就感觉它是什么样的现象，就只是以“平等心”原则去观察当下自然的呼吸进出；

3. 在感觉呼吸的过程中，头脑中可能会反复出现各种各样的想法、念头，也可能会浮现各种各样的感受，可能是你正在关注的，也可能是你已经放下的，这些现象毫无规律可言，其中还可能会有不少是对睡眠的焦躁或者其他情绪和想法；这种胡思乱想，可能让你无法专注在呼吸上，但是，你必须要了解，这就是头脑以往的运作模式，而你正在进行的这个静卧观息法练习，就是为了改变这种容易胡思乱想的思维模式，让心平静下来，进入休息模式；

4. 刚开始练习时，可能无法专注于一呼一吸，不用着急，这是个训练的过程；另外，有一点非常重要，这个方法练习的核心，不是你能够一次专注呼吸多长时间，而是“觉知”和“平等心”，也就是说，当你觉知到注意力跑掉了，或者又开始纠缠、又开始胡思乱想了，就要保持“平等心”，将注意力拉回到当下呼吸的进出上，可能刚一拉回来又跑掉了，你也只是一次又一次不厌其烦地再拉回到一呼一吸上；不要陷入联想、思考、判断，无论出现什么想法、念头、感受，都只是保持“平等心”，就只是“知道”但不管它、不理它，持续专注呼吸。

此外，为了帮助你能够顺利地拥有自然入睡的能力，请了解以下三点，它们是你实现“想睡就睡”的法宝。

首先，放下强烈的目的心，不要把静卧观息法当成你入睡的工具。

如果只是告诉你这个方法如何使你睡得着、睡得好，这只会强化你对睡眠的关注。相信你也会有类似的体验，越是关注，交感神经越兴奋，对睡眠的焦虑感就会越多，那怎么还能睡着呢？

当你就只是持续感觉呼吸进出时，心持续关注当下，纠缠纠结自然就没有了，身体也就会自动放松下来，放松下来的身心，在身体需要的时候，会自然入睡。

其次，睡不着的时候，就不要强迫自己入睡。

可能一开始躺下观察呼吸还比较顺畅，过了好久仍然没睡着，这时可能很难保持“平等心”持续专注呼吸了。你可能开始不自觉地把这个练习抛在脑后，并怀疑这个方法的有效性，如果你也有这种状况，那就需要注意了：其实你还是在“关注睡眠”，并没有放下对睡眠的执着，这个练习就成了花架子。

静卧观息法其实是为了消除你对睡眠的执着，不管过去多久，哪怕天亮了都没关系，睡不着就睡不着，你必须抱持“我什么都可以不要，包括睡眠”的决心。

事实上，睡眠这种本能的反应，会在你不再对抗它且身体需要时，不请自来。于你而言，请保持“觉知”，保持“平等心”，持续专注于呼吸，就这样简单。

最后，你需要知道的是，观息法可以代替睡眠，起到让身心休息的作用。

当有一种方法，可以达到像睡眠一样让身体机能得到修整、让内心得到舒展放松的目的，甚至在给身心“充电”时，虽然意识还是清醒的，但给我们带来的益处甚至超过睡眠本身，你还会执着于“睡觉”这件事儿吗？

是的，静卧观息法就是如此。在持续专注于呼吸时，大脑处在休息和放松状态，头脑就会停止表层的意识活动，身心完全是打开的，并与所处的环境进行能量交换，得到滋养。所以，睡不着也没关系，静卧观息法同样可以达到休息的目的。

06

再见，焦虑

第一节 社交恐惧症——绝不做“loser”

小丁今年 33 岁，自述在童年就比较内向，在朋友中属于比较沉默的那种。

从小父母对他的教育就是“优点不说不会跑、缺点不说不会改”，并且以此来规范小丁的言行，对他缺少必要的关心和温暖，一直都是批评为主、打骂为辅。

在小丁的印象里，父母好像从来没有夸奖过他，哪怕是只写错了一个字都会批评半天，对他的学习要求相当严格。

这就导致他在学习上特别痛苦，在同学中特别自卑，不爱说话，从小学到大学都没有什么朋友，也没有什么异性缘。

他跟别人交谈时，总是会害怕尴尬，哪怕是面对关系非常好的朋友也会很不自然。有时候还会冒出一种担心——担心朋友因此孤立自己。

他每次与别人在一起感觉尴尬、焦虑的时候，就会出现手抖、声音发颤等表现。这造成他经常性地回避人际交往。

在学校还会有朋友刻意拉他去参加社团活动，而毕业后，他的交际面就更加狭窄了。并且他自己也找了一个不需要与他人过多打交道的工作，一天大部分时间都是自己独处。

一次，他去电信营业厅办业务，面对营业厅的人群流动，突然出现了心跳加速、浑身冒冷汗的症状，这是极度紧张的表现。

之后去医院诊断，医院给出的诊断是社交恐惧症。

在后来的咨询过程中，小丁这样描绘他一天的生活：

每天早晨起来去上班，晚上自己一个人回家，有时候做饭，有时候就点外卖，然后就待在自己的小房间，玩玩电脑、看看手机；

有时会有性幻想，但是从来不敢去主动接近异性；

他渴望有一位女朋友，但不知道该如何去追女孩子，而且由于自己在人际关系中的焦虑，总是会让他认为，自己就属于没人喜欢的那种。

在这个城市中，偶尔会有一两个大学同学过去找他。跟熟悉的同学在熟悉的校园中散步聊天，他的那种孤独感才有所减轻，但只要一出去，即便有同学的陪伴，那种焦虑害怕的感觉就会冒出来，让他非常痛苦。

在人多的社交场所，他总是会担心“让人尴尬”。自己就像在配合别人演戏，有时候自己尽量地配合别人，但越去配合反而感觉越尴尬。

公司开会或者做报告的时候，自己总是会躲在一旁，一言不发，甚至自己有意见也不敢说出来。他还害怕去公司楼下的美食城那种人多的地方，在超市买东西时也不敢和服务员交谈。

社交恐惧的核心就是害怕他人对自己的负面评价，过分关注自己会给别人留下什么印象。这种关注和担心过度的话，就会导致在人际交往过程中充满焦虑。

社交恐惧的常见表现是，在某一场合害怕自己可能出现尴尬、失误，担心让人误会、嘲笑或批评冷落，进而出现相关的症状——脸红、颤抖、结巴、出汗等。

而这些症状会让患者更加关注自己的表现，加剧自己的紧张焦虑心理。

因此，有社交恐惧症的朋友一般都会尽可能去躲避各种社会交往。尽管这样会让他们感觉到孤独，但是比起让他们感到恐惧焦虑的人际交往，这样似乎会让他们感觉更为安全。

社交恐惧的人往往过于在意别人对自己的看法，并且会把别人如何看待自己当成一件很重大的事情来对待。

从根本上来说就是，自己的内在认为自己没有价值、无趣和低人一等，因此才会如此在意别人对于自己的看法。

所以，解决社交恐惧的关键，不是改变别人如何看待自己，而是改变自己对自己的看法。

第二节

特定对象恐惧症
——这样的“条件反射”不可怕

美国的一项统计数据显示，大概 60% 的人或多或少都有某一种类型的特定恐惧。其中 10% 的人会被诊断为“特定对象恐惧症”。而所恐惧的对象，也是五花八门，如怕虫子、狗或其他动物，怕高处、飞机、雷电、密闭空间、血、道路、桥梁等。

小王由于工作原因，经常需要坐飞机全国各地到处跑。

半年前，由于飞机在飞行过程中出现一次故障，导致飞机急速下坠，尽管最后有惊无险，飞机安全返航了，但是却给他留下了严重的心理阴影。

自那次以后，小王每次看到飞机，内心就会充满恐惧和担心。每当他要坐飞机的时候，前一天晚上都会有严重的失眠表现。

即便了解了当天的天气状况，他在进入机舱以后，还是会有明显的恐慌、全身出冷汗、心跳加速，甚至有的时候还会有强烈的头疼。

在飞机起飞过程中，他会时刻注意发动机的声音，并且不敢往窗外看。

起飞和降落会让他的这种恐惧心理更加明显。

在飞机飞行的过程中，哪怕是最轻微的晃动，都会让他感到害怕。

坐飞机对他而言就是一件非常煎熬的事情。

可是由于工资待遇、家庭的责任，加上自己也比较喜欢这份工作，他不得不去面对这样一个头疼的问题。

小王自己也知道这种担心过度了。可是没办法，只要坐飞机的时候，这种恐惧的感觉就会特别真实。即便一再提醒自己“飞机的失事率是最低的”也无用。

我从咨询中了解到，小王在生活中并不是一个谨小慎微的人。对于许多人害怕的狗、爬虫类都不会有恐惧，在工作中也是能干自信的类型。

唯独过不去坐飞机这个“坎儿”。

小王的这个表现就是典型的特定对象恐惧症。

从生物进化的角度来说，在远古时期，对特定事物的恐惧可以帮助我们识别危险，更好地生存及繁衍下去。比如我们通常都会对蛇、老虎、深渊等事物产生恐惧，因为只有快速识别这些危险，才能帮助我们迅速远离这些危险，更好地存活下来。

所以小王的这种对飞机的恐惧也是来自这种原始本能。

在 1920 年，行为主义心理学创始人华生就曾经用一个残酷实验来揭示人是如何形成恐惧的条件反应的。

这个实验的对象是一个只有 9 个月大的男孩，当时研究人员把一只小白鼠放到他的身边，他并没有感到害怕，可是就在他要去触摸那只小白鼠的时候，旁边发出了一声刺耳的巨响，把小男孩吓了一跳。小男孩躲着要离开，并出现害怕的神情。

之后给了小男孩两个月的时间让他忘记这段经历。

两个月后再次进行实验，小男孩还是很好奇地想去触摸小白鼠。旁边再次响起刺耳的巨响。小男孩吓得跳了一下，向前扑倒，并开始抽泣。

之后，又进行过几次同样的实验。到后来，即便周围没有刺耳的巨响，这个小男孩只要看到小白鼠就会产生恐惧、害怕的反应。

进一步研究表明，小男孩的恐惧已经泛化到不能面对毛茸茸的物体，比如兔子、毛绒玩具等，甚至对圣诞老人的面罩都产生了恐惧。

最后华生得出结论，我们只要找到不同事物之间的联系或关联，再根据条件反射原理加以强化，使刺激和反应之间建立起牢固的关系，那么就可以预测、控制和改变人的行为。

简单讲就是通过给某种行为施以正强化（奖励）或负强化（惩罚），那么该行为就会得到加强或减弱。

所以要解除恐惧，只是靠逃避是没有用的，因为那只是在强化你的负面行为。

解除恐惧的第一步就要学会去面对恐惧，试着一点点增加自己的正向行为，最后达到消除对于特定对象的恐惧。

第三节

用积极心理学，疗愈创伤后应激障碍

朴先生来自单亲家庭，从小跟奶奶住在一起，“隔辈疼”虽然让他活得更自在，但有些事儿跟奶奶不好沟通，父母又各自有家庭顾不上自己，急性子的他，有时过得比较压抑、忧郁。

结婚之后，奶奶住的老房子拆除了，他就把奶奶接来跟自己和老婆同住。在他的概念中，奶奶和老婆和睦相处是很平常的事情。可现实和想象的差距太大，自己经常受“夹板气”不说，就连想说的“公道话”也因为怕她们生气，被一次又一次地压在心里。

最不能让他释怀的是 3 个月前，奶奶在自己怀里过世的事。从那以后，只要一个人待着，他就会落泪、头晕、心慌，甚至喘不上气、手脚发麻、冰凉，总觉得自己像被掏空了一样；上街看到体型相似的老人，那种紧迫感就会立马出现，呼吸也变得急促，不知所措。

从此他的性格变得敏感、急躁、易怒，回避聚会，不想见人，且还有严重酗酒行为。他试图通过酒精麻痹自己，逃避这一切。这种对创伤事件不由自主地“重温”且伴有回避的行为，是阻止朴先生自救的最大障碍。

朴先生正在经历创伤后应激障碍。这类问题，通常是在经历或目睹涉及自身或他人的实际死亡及伤害威胁后，所引发的焦虑。若应激性事件一段时间后，焦虑的症状表现仍继续出现，且持续存在 1 个月以上的，就可能是创伤后应激障碍。

有人把应激障碍说成“心理消化不良”，这个形容很贴切。

对于像朴先生一样遭受困扰的朋友来讲，创伤性事件往往扮演了导火索的角色，引燃了心中酝酿已久的“负面垃圾”，继而让人深陷在消极情绪的沼泽中。

“消化不良”的心理，其实是在童年经历、家庭教养方式、个人性格特质等因素共同作用下形成的，而一旦遭遇创伤性事件，原本具有保护功能的“恐惧”，在敏感多疑的思维方式下发酵，“心理消化不良”发生的概率就会比他人更大。

我们当然不需要过度对照，因为不管是谁，每个人都可能会经历痛苦的体验，并且可能会持续一段时间，这是正常的。但是如果已经持续了 1 个月以上，并且对自己的生活、工作、学习产生了影响，甚至让自己痛苦不已，那么，积极干预调整是必要的。

我辅导的创伤后应激障碍的个案时，一般采用“倒叙”的方式，即先不针对恐惧症状本身去干预，避其锋芒；转而从积极心理学方面入手，用正面积极的思想改变旧有的思想模式。如“我完全安全、完全健康。我所有的问题都是我过去的旧思想造成的，我现在决定改变”是我在咨询初期使用频率最高、效果最明显的誓言法练习。

这是通过中和作用，暂时关闭杏仁核恐惧反应机制，降低肾上腺素的分泌，让来访者能够在与恐怖想法保持距离的同时乘胜追击，引导他对想法进行观察。在这个过程中我还会结合“觉知力”的练习，帮助他建立“平等心”，进而与想法分离，最终完全走出应激事件的阴影。

没有人能够保证不被伤害，重要的是，当伤害来临时，你能够智慧应对。

第四节

PSA 人格平衡三步曲
——摆脱强迫症

PSA 人格平衡三步曲为：觉察（perceive）、分离（separate）、接纳（accept）。PSA 即三个词首字母缩写。

你是哪种强迫表现？是强迫检查、强迫计数，还是强迫清洗？不管是哪种，只要你自己不认输，我就有办法让你扳回一局！因为我就是从强迫焦虑中重生的人。

那么，就跟我一起去了解下面这个案例，你可能会从中看到自己的影子，更会有力量、有智慧战胜强迫！

“李老师，其实我早就关注到您了。直到今天才接受您的辅导，是有原因的……”

我显然很好奇。但他好像并没有继续说下去的意思。

果不其然，他话锋一转：“李老师，我还是先给您讲讲我的强迫吧！3年前，我的发小因为脑梗去世，当时接到母亲电话的时候，很惋惜、很怀念、很难过！家人说，我当时有几天都无精打采，就在回去奔丧的时候，身份证丢了，其实补办一张，这事也就过去了。但突然有一天，一个念头出现了：‘我丢的身份证，别人捡去，会拿来害我怎么办？’结果又联想到上次是在给发小奔丧的时候丢的，是不是得罪了什么鬼神？从那以后最怕看到‘神’‘鬼’这类字眼，怕它们来害我，还有就是总觉得身份证比我的命还重要，每天都得让家人告诉我，身份证还在，我才能放下一点儿。”

进一步了解发现，在他8岁的时候因为高度近视，特别想不开，担心自己会瞎，每天都很恐惧，后来16岁的时候眼睛治好了，可思维却控制不住了，遇事总会过度担心、焦虑。

对于强迫、恐惧、焦虑的朋友来讲，失控感来源于控制。“担心”的紧迫想法一出现，会立即上升到意识层面，即刻出现在脑海中。大脑的运作模式就是如此，天生就是要去处理一些紧急尤其是有“威胁性”的事儿。所以说，一旦恐惧、担心出现，努力剔除“不想要”这种想法的行为，无疑又在平添焦虑感，强迫这个“纸老虎”就成了“真老虎”。

在咨询的前期，短期目标是帮助他“觉察（perceive）”，也就是增强觉知力。为了斩断他“总是在没完没了追逐自己尾巴”的思想，首先得看清楚这个“纸老虎”。举一个最简单的例子，比如出门的时候想着手机充电器没有拔，“万一着火了怎么办”，很容易引起焦虑。的确，充电器长时间插在插座上会存在这种潜在危险，了解潜在危险的客观存在性是必要的，但若把这种想法等同于事实，肆意揣测联系下去，比如觉得只要充电器留在插座上就一定会着火，那就是在为恐惧推波助澜。

在咨询中，通过对“觉察”的认知分析和运用觉知力的练习，他逐渐感觉到对“身份证”的恐惧只是一个念头，并没有什么真正的意义。

第二步：分离症状（separate）。对于这位来访者而言，其实他的问题已经泛化到生活中，比如看着货架上的食物，很担心自己会偷东西，害怕得不敢逛超市了，还会反复回想已经发生的事情，下车时怕自己关门力气过大把车门撞坏，从小孩子身边经过怕撞到小孩子等。

在咨询进行一段时间后，他有了一定的觉察能力，觉知力明显增强了，能够开始认识到强迫这只“纸老虎”的真实身份，但还是会不由自主地陷进去。这个时候，把自己和强迫症状分开，很重要！

当你注意到坏情绪又开始卷土重来的时候，有时甚至更强烈，你要警觉这只是强迫症状，不是你本身。你要做的就是什么都不做，就像旁观者一样“看着”它们就好，它们不属于你，你是你，症状是症状。

你可能反复经历了强迫带来的痛苦和煎熬，强迫类型千奇百怪，举不胜举，但是强迫的本质是一样的，都是源于执着的心。

因此，以持续的练习增长定力后，在认知上重建“我”和“强迫”的关系是在我的咨询中常用的技术，尽管在这个阶段会反复经历反强迫的侵扰，但只要保持着不纠缠的平等心，耐心练习，阳光就会在风雨后出现。

咨询周期过半，他的强迫症状出现的频率越来越低了，焦虑感也得到了很大改善，我和他的咨询关系也进一步加深。

这时，他更是向我敞开了心扉：“李老师，一开始我跟您说我早就了解到您的方法，但是您也知道，像我这种病症的人，容易敏感多疑，在网上看了很多关于您这边方法的介绍，虽然很多朋友都按照您指导的练习帮助了自己，但我看到一个帖子说‘强迫症是精神癌症’，不可能好的，还有人说强迫症是精神病。本来得了这个病，我就很痛苦了，看了这些觉得自己低人一等，有种病耻感。我就这样一直在网上查找，本来没有的症状也被强化到自己身上，病耻感越来越严重，很长一段时间都在自暴自弃，不敢求助。”

在找我咨询的来访者中，有很多跟他类似，不断地在网上查找症状的相关信息。网络本来是便利生活的，到强迫症患者这里却成了加重症状的帮凶。我一直在建议我的来访者：有空多练习，没事儿多实践，远离网络对照。

在咨询后期，我开始有意引导他“接纳”（accept）。以前，别人问的问题，他不知道时会自责，知道时回答得不满意也会自责；别人说话没听清楚，会怀疑自己耳朵出了问题。

我指导他融入生活的点滴中做“觉知力”的练习，逐渐允许任何状况的出现。既允许紧张、焦虑、不安的情绪反应，也允许奇怪疯狂的想法，允许一切症状或非症状的发生，就只是允许而已。

允许下的接纳是更进一步“觉知”的强调，也就是平等心，能够时常保持平等心，自然就不会有纠缠，没有纠缠，何来痛苦呢?

这位来访者，就是在练习中不断增强了觉察能力，进而更好地将自己和症状分离开，最终在生活中做到了接纳和不纠缠。

第五节

认知修通 + 行动 = 拯救“惊恐障碍”

“李老师，快救救我！”

第一次见到小费时，他的生活几乎快崩溃了。在这一周内，他已经打了 3 次“120”，还看过几次急诊。发作起来，濒死感让他好几次都觉得自己真的不行了。等稍微缓过点劲儿时，那种脱离现实的奇怪感受又让他说不清了。

了解到小费已经做过全面的身体检查，身体没有任何问题，综合他以往的诊断资料，小费应该是中了“惊恐障碍”的招。

惊恐障碍在很大程度上会因为你的担心增加患病概率。这就好比记忆的过程，先感觉登记，再通过注意进入短时记忆，然后通过复述进入长时记忆，进入长时记忆的信息可以通过你的注意再提取到短时记忆中，呈现在你的意识层次。

你可能很纳闷，惊恐的体验，怎么就这么畅通无阻地进入了长时记忆呢？平时费尽脑细胞、不断复习才好不容易把考试资料灌输到长时记忆中，怎么到了“惊恐”这儿就毫不费力呢？在对小费资料的全面收集中，你会逐渐明白。

小费提到，初次发作给他的感觉，简直就是灾难性的。在他连续 3 个通宵打游戏后，忽然感觉眼前模糊、头脑一晕，硬撑着打完了最后一局。但当他刚起身，一抬头，脖子嘎吱嘎吱地响，一下子没站住，直接瘫在了地上。二十出头的年纪，下半身一动都动不了了，他被吓坏了！他顿时就感觉呼吸困难、手脚酸麻，浑身不断地颤抖，头像被箍上了一样。那一刻他感觉自己就要死过去了……过了好一会儿，尽管呼吸脉搏还有些微弱，他本能地拨打了“120”。

经历了这样的身体突发状况，如此激烈的体验，他的记忆怎能不深刻呢？

小费是个 IT 宅男，游戏对他来说就是排解工作压力的手段。有了这次的经历后，小费不得不选择更健康的排解压力的方式——跑步。谁知，“惊恐”这个家伙就是盯上了他。第一天晨跑 800 米还没结束，他就感觉呼吸困难、心慌胸闷、脑袋眩晕，血液像是分散到四肢收不回来一样。

他忽然意识到，自己又“犯病”了，一屁股坐在了地上，整个人呆呆的，跟泪水一起冒出来的还有“自己就要完蛋了”的想法。他感觉自己好像失控了，没错！只不过这回失去控制的不是他这个人，而是他对“惊恐”的掌控感。

生活中焦虑感源自对威胁的感知，惊恐发作则是对所觉知到的东西感到一种无力和失控。当惊恐到来时，第一反应往往是逃离、抗拒，并试图控制它。但这样做反而让它存续的时间更长，恐惧和抗拒会刺激肾上腺素分泌得更激烈。原本真正危险来临时才启动的开关，在你试图控制和抗拒时，便会不合时宜地启动。

在咨询的修通阶段，小费不断调整认知，还通过练习体验到身体感受是“无常变化”的。不仅焦虑、惊恐等情绪得到了很好的疏解，还摸索到应对焦虑的小窍门儿。

为了确保惊恐不会再被提取到小费的短时记忆中，帮助小费“扫除”惊恐在长时记忆中的“痕迹”是非常必要的，我根据誓言法中“以音消音”的原理，给小费的潜意识种下了积极健康的种子。

咨询并没有结束。小费当时的疑惑，让我至今记忆犹新：“李老师，我已经通过方法练习从焦虑惊恐中走了出来。但是，还是有些问题会时常让我烦心，比如说，自己的女友不是处女；自己不是重点大学毕业，情商不高工作费力，还被同事穿小鞋，我是不是性格有缺陷呢？”

小费是个聪明的小伙子，紧跟我的咨询节奏。我的咨询当然不是头痛医头、脚痛医脚，而是帮他建立健康积极的情绪反应模式。通过将觉知练习融入在生活中并与其他方法相结合，我逐渐改变了他遇事总是制造问题的执着心，真正扭转了他的不健康思维方式。

短短 7 次指导，小费就完全战胜了惊恐，他除了能准确理解我在指导中给他的“精华点”，更重要的是基于他的勤奋努力和身体力行付诸实践。

小费还是个热心的小伙子。在最后一次咨询中，他掏出一张纸条，说："李老师，这是我整理的战胜魔鬼的6条经验，希望能够帮助更多的朋友！"

1. 不要怕，即便你很怕！这就是惊恐的陷阱。

2. 每个人都可能经历，真的很平常！

3. 拿出100%的勇气，告诉自己：你完全安全，完全健康！

4. 主动出击，不要说"我现在很难受，行动不了，练习都不想做"，难道你是吃饱了再去吃饭吗？

5. 一定要跟上老师的节奏，相信专业的能力！

6. 唯有身体力行。

我相信，这6条经验是他走出"惊恐"魔爪的宝贵财富，行动起来，你也同样可以战胜惊恐障碍。

第六节

极简法 1：正念的培养——觉知训练

在生活中，我们常常会体验到心不在焉所带来的不良影响。

比如当下课铃响时才回过神来，刚刚思绪已经“云游四海”，完全不知道老师讲些了什么；

比如坐地铁的时候，等到上了车才发现自己坐反了方向；

比如刚走出家门没多久，突然回过神来，不记得自己到底锁门了没有！

就这样，我们的大脑就像装上了“自动导航模式”一样，常常对当下所发生的事情没有觉知，等回过神来，却发现早已跑偏了。

在这种无意识的运作模式下，我们的身体做着一件事情，而心却在想着其他的事情。我们对于身体感觉和情绪变化，变得越来越迟钝，很多细微的消极想法则被我们所忽略。随着时间的推移，这些细微的消极想法就会逐渐演变成一些强烈的情绪反应，并时不时蹦出来干扰我们的生活，给我们的生活造成巨大的破坏。

要想走出“自动导航模式”，非常重要的一步就是要变得有觉知。

那么，什么是觉知呢?

觉知，就是如其本然地知道、清楚、了解，看到它本来的样子，不添加任何外在的想象，就只是知道。觉知不是过去的，也不是未来的，过去的是回忆，未来的是想象，觉知就是知道当下。

做到时刻保持觉知，并不容易。以下的“行走觉知练习”将帮助我们更加清醒地觉察生活，更加有意识地去了解我们当下的状态。

走路对于我们很多人来说是一件非常简单的事情，很少有人会去注意自己是如何走路的。

如果你去问一个朋友“你刚刚走路的时候是先迈左脚还是右脚”，我想他一定会被你给问蒙！因为我们走路时处于“自动导航模式”，基本上没有人会刻意注意走路的过程。

所以，为了锻炼我们的觉察能力，走路将成为我们的一个练习工具。我们可以通过“觉察走路”的方式来提升觉知的能力，通过对自己肢体动作的觉知，将我们的心安在当下。慢慢地我们觉察能力会更敏锐、更细微，自然在生活中就更能及时捕捉到情绪的微妙变化。

需要强调的是，我们要带着平等心去练习，走路就只是走路，不要预设任何其他目的，就只是觉知当下这个练习过程就好！

方法步骤：

1. 先选择一个可以来回走动的场地，最好是不被人打扰的环境；

2. 双脚自然站立，做几个深呼吸，放松自己，然后从场地的一端走到另一端，脚步可以尽量放慢一些；然后觉察行走过程中腿和脚的感觉，比如脚底板与鞋垫或者与地面接触的感觉，或者其他你能感受到的感觉。

3. 在迈步的同时，感受腿的渐渐抬起、慢慢落下；感受整条腿完全抬起向前移动的感觉；感受此时腿部皮肤与裤子或空气接触的感觉；感受整个身体的重量渐渐由一只脚转移到另一只脚上的感觉；总之，在这个过程中尽量细致地观察种种感受；

4. 当走到场地另一端时，带着觉知慢慢转身，觉察身体转动时的整个过程和感受，然后以同样的方式和频率，慢慢移动脚步向回走，就这样反复地行走练习觉知。

练习要点：

1. 在开始练习时，我们的步伐要变得比平时慢，以便让自己有更多的时间去觉知身体的感受；如果你发现自己走神了，没关系，这很正常，只需要重新把注意力拉回到腿部肌肉的感觉上就可以了；

2. 在行走的过程中，特别要注意脚底板及脚后跟的感觉变化，以及向前移动时腿部肌肉紧张度的变化；

3. 每次练习时间不少于 10 分钟，之后可以慢慢延长时间；刚开始练习时，可以是粗略地、大部位地观察，随着练习的一步步加深，你的观察要尽量细致入微，越细微越好。

随着不断练习，你对于腿部觉知的能力会逐渐延伸到生活中的方方面面，从而让你摆脱对于身体“自动导航模式”的控制!

第七节

极简法 2：心灵的免疫力——平等心训练

南宋词人辛弃疾在《贺新郎·用前韵再赋》中写道：“叹人生，不如意事，十常八九。”说出了多少人的无奈。

儿时同伴，随着时间的流逝，渐渐远行；

辛苦寒窗十年，最后结果也并非人人如意；

喜欢的人不一定会喜欢你，即便相爱也往往需要经历困苦；

等我们好不容易长大了，父母却已经两鬓斑白。

……

生活中不如意、不顺心的事发生了，我们的心就开始紧张、开始打结了，开始产生各种负面情绪。我们想要的没有出现，而不想要的却一个接着一个，于是我们的心就开始升起憎恨、厌恶、敌视等念头，而这些念头会进一步加剧我们内心的紧张、不安及烦躁情绪。

表面上，我们可以通过发泄、报复等方式来缓解自己的情绪。但是在我们内心深处，负面情绪却在不断地累积着，一不留神，就会蹦出来，伤害自己和他人。这就是我们为什么一直深陷痛苦而无法自拔的原因。

曾经有这样一个寓言，讲的是一位母亲的三个儿子买油的故事。

第一天，母亲让她的小儿子去买油，给了他十块钱及一个空瓶子。她的小儿子买了油，高高兴兴回家的时候，因为路滑，不小心把油瓶给打翻了。油瓶里只剩下半瓶油了，其他都洒在了地上。小男孩很难过，捡起半瓶油，一边哭一边跑，回到家里，很难过地跟母亲说："对不起，我不小心把油瓶给打翻了，现在只剩半瓶油了。不知道是谁在那条路上倒了水，害得我滑倒了，那个人真该死。"小儿子非常难过，非常痛苦，心中充满了愤恨。

第二天，母亲又让她的二儿子去买油，同样给了他十块钱和一个空瓶子。二儿子打满油之后，还是不小心，油瓶又打翻了。不过二儿子看着还剩的半瓶油却很高兴，心想，还好，还有半瓶油。于是他很高兴地跑回家跟母亲说：“妈妈，我买油回来，不小心把油瓶给打翻了。不过值得庆幸的是，我还保住了半瓶油。你看，要不是我反应快，估计整瓶油都没了！”

第三天，这位母亲又让她的大儿子去买油。同样还是十块钱，一个空瓶子。很不幸，大儿子在回来的时候也把油瓶打翻了。面对瓶子里剩下的半瓶油，他和二儿子一样，面带笑容回家了。回到家他跟母亲说：“妈妈你看，我保住了这半瓶油，这是值得庆幸的。但遗憾的是，我也失去了半瓶油，这个是事实。在买油的时候，我发现油店老板生意很好，可能需要人手。所以我决定去问问那个油店老板是否需要帮手，如果可以的话，去他店里帮半天工。这样在天黑之前，我肯定可以赚到不止五块钱，那半瓶油就可以赚回来了！”

如果说我们的心是被外界的事物所决定的话，那为什么同样一件事情，不同的人却会有完全不一样的感受和想法呢？

上面故事中的三个孩子，分别反映出我们在面对挫折时的三种态度。第一种就如那个小儿子一样，面对挫折消极、悲观、怨天尤人。第二种就如那个二儿子一样，心态乐观，面对挫折可以看到正向的一面，不给自己再添烦恼。第三种就和那个大儿子一样，以一种积极的态度去全面看待事物。

事情的发展有好的一面，也有坏的一面。我们应当接受好的一面，也不排斥坏的一面，在客观面对现实的同时，能采取行动去改变当下的状态，不沉溺，不埋怨，勇于承担责任，积极做出改变。

所以，决定我们心情的并不是外界，而是我们用什么样的思维方式去看待问题。

故事中二儿子的心态固然比小儿子要好，会少许多的烦恼，但是这种心态缺少对于客观世界的改变，推演下去就是我们常说的“阿Q精神”。唯有像故事中的大儿子那样，不沉湎于已失去的，也不盲目乐观，而是积极看待现实，接纳现实的不完美，然后通过自己的努力去改变现状。

所以，面对无常的世界，怎么样才能获得内心的宁静呢?

就如故事中的大儿子一样，拥有一颗平衡平稳的心，对发生的负面事件不纠缠，不陷入负面情绪的旋涡中，而是保持清醒的觉知，去努力改变不利的结果，活好当下，如此，我们就能淡定从容地过好这一生。

唯有不断提升我们心的平等，我们才能自如地应对外界的兴衰荣辱。也唯有能够应对外界的兴衰荣辱，我们才能获得真正的内在平静，让心灵拥有真正的免疫。

在本书中，平等心的理念，一直贯穿在其中。前面章节，我们也一直在强调“保持觉知，保持平等心”，平等心与觉知是紧密相连、密不可分的，它们是互相依存、相互促进的。没有时刻保持觉察情绪的心，何谈平等对待情绪的出现?情绪出现时，如不能做到不参与、不纠缠，用平等心原则只是看到情绪，不再进而起反应，那又何来觉知?

所以，本书中的很多方法都是可以修炼平等心的练习，比如观息法、手部冥想练习、行走觉知练习等方法都是在培养觉知和平等心，将这些方法好好利用，融会贯通，延伸到生活中，我们心灵的免疫力就会逐渐得到提升。

第八节

系统训练法 1：活在当下的观呼吸训练（随时观呼吸）

静坐观息法可以净化我们的内心，培养我们的觉知和平等心。但是，觉知和平等心的培养，不应该只限于每天早晚的静坐练习，而是应该融入生活，随时随地可以练习。

当我们在日常生活中，越是能做到顺其自然，越是能活在当下，我们的心就越平稳，调节情绪的平衡能力就越强。即便遇到不顺和挫折，产生负面情绪，也能以平等心的原则去对待，不执着，不纠结，不陷入其中。

因此，我们需要将观息法的练习运用到生活中，而不只是在静坐中练习。

“随时观呼吸”是观息法在生活中的延伸练习，这是一种非常简单、方便的练习方式。

做“随时观呼吸”练习前的要求：

开始“随时观呼吸”练习前，要至少练习静坐观息法 10 天以上，静坐观息法是基础，打好基础，才能开始“随时观呼吸”练习，就像婴儿学走路，要先学会走，才能学习跑，如果路都走不稳，就想跑，那一定会摔跟头。

“随时观呼吸”练习分为两步。

第一步：在生活中，有意识地随时闭上眼睛观呼吸。

1. 此种方式练习保持 10 天。

2. 没有身体姿态要求，无论是站立，还是坐卧都可以，随时进行练习。

3. 练习次数越多越好，每次练习没有时长限定，可随意安排，如 1—3 分钟，或是 5—10 分钟，或是更长时间都可以。

4. 练习中不带有任何的目的心，就只是将心（意念）放在鼻孔的呼吸进出上，也就是说，只是观察（感觉）鼻孔处呼吸的自然进出，不需要刻意调整呼吸。

5. 在负面情绪出现时，将心集中于呼吸上，就像观息法练习一样，对一切的不愉悦情绪及想法，只是保持觉知，保持平等心。

6. 不应只在负面情绪出现时练习，无论心情好与坏，都应保持这个练习。

7. 不要在这个练习过程中掺杂任何的技巧和方法。

8. 不要同静坐观息法练习中的感觉、状态做任何对比。

第二步：生活中，有意识地随时观呼吸，或睁眼，或闭眼皆可。

1. 第一步“闭上眼睛随时观呼吸”练习 10 天后，在未来生活中，持续保持第二步的或睁眼或闭眼随时观呼吸练习。

2. 没有身体姿态要求，无论是行走、坐、卧，你的心同时也在观察（感觉）呼吸，就好像是带着呼吸去生活，就好像与呼吸同在。

3. 频繁地、持续地、密集地，或睁眼或闭眼地将心保持在呼吸上，保持观呼吸。

4. 只是将心放在呼吸上，没有任何的目的心，不为达到什么。

5. 负面情绪出现时，不去管它，也就是对其保持平等心，你要做的就只是将心安住在呼吸上。要使这种“随时观呼吸”的方法，成为自己主要的、习惯的应对情绪方法。

6. 不应只在负面情绪出现时练习，无论心情好与坏，都应随时地、或睁眼或闭眼地保持观呼吸。

7. 不要在这个练习过程中掺杂任何的技巧和方法，只是观察自然的呼吸进出，不需要刻意调整呼吸。

8. 不要同静坐观息法练习中的感觉、状态做任何对比。

第九节

系统训练法 2：祛除执着心的观感受练习

我们经常活在自己的想法和思绪的纠缠当中，而忽略了身体的感觉，忘记有一种超越语言的智慧一直存在于我们的身体当中。

观感受练习是一个与身体重新建立连接的方法。它可以帮助我们更好去觉知当下身体的感觉，帮助我们培养对当下的觉察能力。通过身体的感官系统，可以让你更加接近真实的自己、真实的世界以及真实的他人！

在开始练习之前，我们需要先了解练习的目的——我们的练习不是为了去改变什么，也不是为了去感受某种经验，如放松、平静等。这些可能会发生，也可能不会发生。我们的练习目的就只是如实去体验每一个当下身体的感觉，允许身体以它本来的样子存在着。就只是去观察、去接纳，而不需要做任何的改变。

观感受练习的具体做法如下。

选择一个不被打扰的环境，盘腿静坐，闭上眼睛，将注意力集中到头顶，以整个头顶为一个单元（范围），注意力就只是停留在这个部位，就只是去感觉、觉察头顶这个范围的皮肤表面，不管注意力所在之处的皮肤表面有什么样的感受（酸、痒、麻、痛、热、胀、冷、缩或是与空气接触的感觉等等）就只是如实地“了知”而已，不妄想、不评判，不追求什么感觉，也不排斥什么感觉。

停留大约半分钟，继续再将注意力移动到脸部这个范围，以同样的原则来觉察，停留大约半分钟，继续将注意力移动到后脑勺，以同样原则觉察，停留大约半分钟，以此类推，继续将注意力移动到左耳朵、右耳朵，脖子前侧、脖子后侧，左肩膀、左上臂、左小臂、左手，右肩膀、右上臂、右小臂、右手。

为了方便细致地觉察，我们将胸部和腹部这个“大范围”，大略划分为上、中、下三个部分来分别感知、觉察。

继续将注意力移动到这个“大范围”的上部，以同样的原则及时间来觉察，再移动到中部、下部，分别进行觉察。

继续，后背也同样大略划分为三个部分，继续将注意力移动到后背的上部、中部、下部，再继续移动到臀部。

继续将注意力移动到左大腿、左小腿、左脚。继续移动到右大腿、右小腿、右脚。

就这样，整个身体从头到脚依次、分别觉察一遍。

注意事项：

1. 假设你本次练习设定的时间为半小时，但你从头到脚觉察完一遍后，时间未到半小时，那你就继续让注意力回到头顶，继续按照同样的方式，从头到脚，一部分一部分地来觉察，直到你设定的时间到了为止，总之，就是重复地一遍又一遍地从头到脚来觉察身体表面的感受；

2. 练习中，你可能会走神或者分心，不需要责备自己，允许这些情况的发生，走神了就再拉回来，拉回到你正在觉察的身体部位，但如果你忘记了刚刚注意力在身体的哪个部位了，那么，你大约想到在哪里，就继续从哪里开始进行就好了；

3. 在整个练习过程中，不要去追求任何的感觉，也不要去排斥任何的感觉，就只是单纯地、平常心地去觉察身体表面的感受；

4. 一个部位每次觉察的感受可能是不同的，你不需要去对比每次的感受，也不需要去想象或创造任何感受，就只是如实地去感受，允许当下任何经验的发生。

练习要求：

1. 这个观感受的练习，需要在练习过观息法后才可练习，因为观察呼吸是最直接培养觉察能力的方法，也是基础，只有基础打好了，才可能通过观感受练习更好地练就心的定力，所以一定要先做好观息法，再做观感受练习；

2. 练习时，背部不要有任何倚靠，坐的地方尽量选择硬实的，比如地板上铺个薄垫或者硬板床上，双手可以自然地放在腿上；

3. 建议每天早晚各练习一次，每次以 30 分钟为基础，慢慢延长每次的练习时间，直到每次练习 1 小时（如果观息法已经练习到每次 40 分钟或 1 小时，就可以继续以同样时间设定每次的练习时间）；

4. 练习前设定好闹钟，练习过程中，不要睁眼、不要看时间、不要打开手脚，尽量做到不动，如果有腰痛、腿麻等不舒服的感觉，实在无法忍受时，可以略微调整一下姿态。

第十节

系统训练法 3：培养正思维的誓言法

人的思想主要由意识和潜意识两部分组成。

意识具有逻辑、判断、分析、推理功能；而潜意识没有逻辑判断功能，它只对意识认同的、经历的、认为合理的做出反应。

我们也许有过这样的经验，明明知道发脾气不好，但是，每当遇到那些烦心事儿，还是会不由自主地发火，根本控制不住自己的情绪，这是因为我们的情绪由潜意识所控制。

“潜意识”一词最早由弗洛伊德提出，在临床实践中，他发现在人的意识背后还深藏着另一种极其有力的心智过程，后来它被称为“潜意识”。他认为，人的心理问题大多都是潜意识里的，而潜意识的特点是它是通过“暗示”进行活动的。

在心理学上，暗示又分为积极暗示和消极暗示。

积极暗示可使人以积极心态处理问题，而消极暗示带给人的总是不安、悲观、恐惧等消极的情绪。

心理暗示对人的影响巨大。如果，一个人潜意识里多是积极思想，那么，这个人是一个乐观、自信的人，在生活中遇到挫折、痛苦或不愉快事件时，能及时调节自己的心理状态，并以平静、乐观的心态去面对。

如果一个人潜意识里多是消极思想，那么这个人是一个悲观、自卑的人，在生活中面对不愉快事件，就不能进行良好的自我调节，反而可能以自责、抱怨、恐惧、怀疑、消沉、仇恨等折磨自己。

心理问题的产生是多方面的，可能是在成长经历中，潜意识里消极思想累积的结果，也可能是潜意识里被隐藏的创伤情结，但无论是哪种原因造成的，我们都可以运用积极正面的思想来替换掉潜意识里的消极思想。

那么，要如何替换呢？可以使用培养正思维的誓言法。

誓言法是帮助我们净化潜意识里消极思想的一种练习方法。

人的头脑是一套非常精密的系统。从心理学的角度看，它的运行原理类似电脑。我们知道电脑显示屏所呈现出的画面、景象、文字，皆来自系统载入的一系列数据。所有电脑在出厂前只是一具硬件的躯壳，唯有我们在硬盘装入内容之后，才能为我们所用。进一步来说，硬盘装入什么样的内容，显示屏就会呈现出什么样的内容。

我们当下的人生境遇也如同电脑的显示屏，所呈现的景象，皆来自潜意识思想的投射。

人在出生时，大脑如同一张白纸。我们现有的价值观、身份认同、信条等，只不过是后天成长中家庭环境、教育方式、社会环境、习俗等因素塑造的而已。

我们怎样看待事物，就会有怎样的感受。而我们看待事物的方式，也只取决于潜意识承载的思维模式。

日本某大学曾发明了“以音消音法”。这种方法是针对噪音而发出相应的声音，从而成功让电话周围保持安静。具体的方法是，测出声音所具有的波形，然后通过放音设备向它发出具有相应逆向波形的声音，这样就能消除杂音。

这项技术曾被物理学界誉为重大发现。它与人们常说的“中和法则”有异曲同工之妙：“当出现‘负’时，如果输入与之对应的‘正’，便能发生中和的作用，反之亦然。”

美国心理创伤协会的心理专家，在对人的思想研究中获得了一个类似的发现。研究表明，当一个人出现消极、负面想法时，可以输入与之对应的积极、正面的思想，便可以发生“中和作用”，人就会获得平静，并充满积极正面的思想。这种方法在美国众多的心理行业中已被广泛运用，不计其数的人从中受益。

誓言法正是这种改变我们消极、负面思想的方法。它是运用思想中和原理，通过有针对性地植入积极思想，替换掉潜意识里阻碍我们人格健康的消极思想，使我们潜意识中充满积极、乐观、和谐的思想信念。运用好誓言法，就可以改变我们不健康的旧思想。这样，遇事总爱焦虑、不安的人，也会变得不焦不躁、淡定平和。

针对焦虑情绪的誓言法练习，具体内容会在下一章中详细介绍。

07

14 天战胜焦虑症自愈训练方案

第一节 观息法练习要点

前面章节我们介绍了很多种方法，有快速缓解紧急情绪的，有调节睡眠的，有训练觉知的，还有培养平等心的。要知道，只是从情绪上缓解，没有从深层改变，焦虑情绪还有可能随时出现。要想完全摆脱焦虑困扰，我们必须从根本上改变内在敏感、多疑、多虑的心理特质。

有句话说得好，授人以鱼不如授人以渔！

在这一章中，我会给你带来一个系统的自愈方案，使你彻底摆脱焦虑的困扰。整个方案包括两个核心方法和两个深化练习，核心方法就是观息法和誓言法，两个深化练习是“随时观呼吸”练习和“观感受”练习，14 天训练方案的内容按周进行划分，第二周的内容会有所调整和深化。

需要强调的是，在练习过程中一定要保持平等心，这点很重要。

所谓平等心，就是在练习中焦虑得到了缓解，很好；如果暂时还没有缓解，那也不要失去信心，继续保持练习。心灵的成长就像种子一样，是需要时间去修炼的。我们只需要保持规律的练习，剩下的就交给时间，记住："一分耕耘一分收获"，天上不会掉馅饼，人生也没有捷径可以让你瞬间恢复从容、淡定的状态。

同时，请放平心态，不要把练习方法当成消灭负面情绪的工具，虽然，这些方法确实有这样的功效。但对结果的执着，只会阻碍你的成长。

观息法是通过观察呼吸的方式，帮我们建立情绪的自我平衡能力。观息法是以持续专注的心，如实去观察、觉知当下鼻孔处的呼吸进出，对于当下所经验到的任何感受、想法、念头都保持一颗"平等心"。

观息法在前面章节已经有过介绍，这里只针对14天方案每周需要如何做，进行详细说明。关于观息法的详细内容，可以参看前面的章节。

练习观息法的步骤及要点

1. 选择安静且不被打扰的环境，以盘腿姿态端坐，挺胸抬头，闭上双眼。将注意力专注在鼻孔处的呼吸进出上，就只是观察（感觉、专注）鼻孔的呼吸进出。注意：身体不要倚靠任何东西，保持抬头挺胸。

2. 除了呼吸的进出外，不管头脑中产生什么念头、想法，无论内心产生什么感受，是紧张、焦虑、不安、烦躁、愤怒，还是身体产生什么感觉，是酸、痒、麻、痛、热、涨、冷、缩，都只须保持平等心，也就是说不去管它们，你所要做的就是持续地观察呼吸的进出。

3. 练习中，就只是观察呼吸进出，不去思考、分析、解决、评判任何的问题，如果走神了，就拉回到呼吸上，走神了，就再拉回来，就只是观察呼吸的进出。

4. 每天两次，早晚各一次，也可以根据自己情况调整到其他时间段，但要保证每天至少练习两次，如果时间允许，可以多练习几次，每次的练习时间都不要短于当前阶段要求的时间。第一周每次 20 分钟，第二周开始每次不短于 30 分钟。

练习的核心及标准

观息法的练习标准是什么呢？是头脑杂念的多少，还是专注呼吸时间的长短，又或者是以获得平静或某种感受来衡量呢?

都不是，练习观息法时，有一条重要原则就是，你必须与当下所体验到的呼吸以及身心的感受同在。无论你的身心呈现什么样的状况，你都只是允许它、接纳它，不去纠缠它，保持觉知，以平等心的原则对待，以平等心的原则观察呼吸。

我辅导的学员中，有的学员会在刚开始练习观息法时，经常责备自己:“练习做得不好，头脑里杂念不断，内心不能平静，注意力总是不能集中在呼吸上，并且专注呼吸的时间很短。”

其实，我想说的是，基本每个人最初做这个练习都是这样的，我也是这样，这是我们必然会经历的过程，所以不用沮丧。

当前，我们的头脑中，杂念不断像猴子一样跳来跳去。上一秒钟你的注意力还在呼吸上，也许下一秒钟你的注意力就跑到某一个念头上了，总是跑来跑去。注意力刚拉回到呼吸上，没过几秒钟又跑到另一个念头上了，也许是想到白天单位的某个人、某件事，也许是想到刚刚和对象的一次争吵，也许是孩子这次考试又不及格，也许是些陈芝麻烂谷子的往事……总之不管想到什么，不管心是多么散乱、跳跃，都不用沮丧。

我们所要做的很简单，只要发现心或者注意力跑掉了，就拉回到呼吸上；再跑掉了，就再拉回到呼吸上。除了呼吸以外，其他一切的想法、念头、感受，都不用理会。只是保持觉知、保持平等心就好。

所以，做好观息法的核心就是——“觉知”和“平等心”。也就是说，在练习观息法的过程中，判断你练习效果好不好的标准，是你有没有保持“觉知”和“平等心”！

觉知是对当下如其本然地知道、清楚、了解的意思，觉知是当下的，它不是过去的，也不是未来的，过去的是回忆，未来的是想象。

觉知就是你完全能意识到当下发生了什么，你也能意识到自己在想什么、在干什么，你就在当下那一时刻。当愤怒正在发生时，假如你保持觉知，认识到自己在愤怒，愤怒就会慢慢消失，因为不清醒的人才会愤怒。如果你处于当下，情绪就会在瞬间转化。所有的负面情绪都来自妄想，来自对下一刻的想象或是对过去的纠结。当你将心安在当下这一刻的时候，你是清醒的，妄想停止了，胡思乱想没有了，而痛苦自然也就消失了。

平等心即平常心，简单来说，就是不执着、不纠缠，平衡、平稳、顺其自然的心。平等心，也就是说当有愉悦的感受产生时不期盼它持续下去，当有不愉悦的感受产生时，不期盼它赶快消失。从练习的小范围来看，平等心就是不评判、不参与、不分析、不联想、不打压、不纠缠、不执着的心。

平等心是我们要去练习的，所以你不必苛求自己完全做到。而且，刚开始练习的时候你也不可能完全做到。倘若一开始你就能完全做到，那你已经是“得道高人”了，还去做这个练习干什么呢？对于我们平常人来讲，我们越是具有“平等心”，越是能善用“平等心”，我们就越能够获得内心的安宁与和谐。

在练习中，觉知越是增强，我们在生活中就越是能保持平等心，平等心越强，心就会变得越平静、安定。这一点，随着练习的进行，你自然就会有体会。唯有实践，你才能真正收获安宁。

第二节 誓言法练习要点

誓言法是生活中随时随地可以做的练习，是帮助我们净化潜意识里负面、消极思想，树立正思维的方法。所有誓言内容都有着一种思想、一种态度、一种好的品质，你只需以开放、坚定的心勤加练习，它就会通过思想的中和原理，帮你重新建立健康的思维观念，让你的内在充满力量和智慧。

在这两周的练习中，每周都有不同的誓言练习内容，在练习前，你需要先了解一下誓言法的练习要求。

1. 每周有 5 个誓言句子，每天的练习时间，累计不少于 1 小时。

2. 练习的时间是灵活的，不需要刻意找出 1 小时集中练习。任何空闲时间都可进行，比如，散步的时候，做家务、工作间隙起身倒杯水的时间，上下班等车时间等，任何碎片时间都可以利用起来练习，每天练习时间累计至少1小时。总之，把练习融入生活，这样既不会枯燥，又会有很好的效果。

3. 练习的方式是多样的，可以抄写、默写、大声朗读或在心中默念。

4. 每个阶段的5个句子，要求在7天内，也就是每个阶段结束时，熟练到脱口而出、能背诵的程度。需要注意的是：不要擅自更改誓言的内容，也不要对誓言的内容做任何理性的判断、思考，只是简单地、大量地去练习。

具体誓言内容

第一周有5个誓言句。

1. 我放下过去的旧思想，我知道，我所产生的焦虑、恐惧，只不过是在重复我过去习来的观念而已，自然法则所教导的是停止妄想、评判，是保持平等心、活在当下，人生就会变得越来越好，此刻，我在这样做。

2. 不论我产生多么不好的感觉和想法，我知道它也都是无常变化的，我所要做的就是持续地对这一切保持平等心，就只是保持平等心就行了。

3. 我放下一切的懊悔和愧疚，我不是完人，我接受自己的不足，接受自己的欠缺，这一切正是我需要不断去完善和修炼的，人生就是如此，我已经看到，我正在成长。

4. 我放下一切有关好与坏，对与错，正常或不正常的评判和执着，无论我当下经验到的是什么，就只是保持平等心就行了，我自然就会是一个清明、正确的人。

5、我放下过去的。今天起，我不再批判自己做得好不好，结果好不好，一切的发生都有它的意义，都是我当下所能做到的最合适做法，我还在不断学习和成长，我接纳我自己。

第二周也有 5 个誓言句。

1. 我正在觉醒，我看到我的焦虑、我的紧张、我的忧郁，我的一切心灵困扰，都只不过是我在习惯性地重复过去的思维方式，在过去我认为这是对的，但现在，我知道保持平等心才是人生之道，此刻，我已安在当下，我已回归自然法则。

2. 我正在做的练习不是在丰富头脑，不是在学习知识，我是在修炼平等心，活在当下的心，此刻，我不再做任何思考、分析、评判，此刻，我不再去贪求任何好的感觉，我也不再去排斥任何不好的感觉，此刻，我就只是以平等心来应对我所经验到的一切。

3. 别人认为我怎么样不重要，我认为自己怎么样才是最重要的，今天起，我要按照自己的而不是别人的价值观来看待自己、看待世界。

4. 在自然法则下，没有谁对不起谁，没有谁伤害谁，更没有谁一定要负有什么责任，从生命的意义来说，一切事情的发生都是帮助我们来修炼自己的。

5. 念头只是念头，想法只是想法，感觉只是感觉，它们是我的一部分，但它们不代表我，无论是好，还是坏，都是我所赋予的，它们本身不具有任何意义，我只是当下的存在，不执着所谓好或坏的平等心存在。

誓言法怎么做才有效

在誓言法练习过程中，有朋友不知道是否需要先弄清楚每句誓言的意思，再做练习。

大家是否还记得小学的时候，老师让我们背诵古诗、乘法口诀呢？当时的我们可能也不是很清楚这些到底有什么用，即便老师深刻地告诉我们这些功课的意义，那时的我们也不一定能够真正理解。

但，随着我们的成长，我们甚至都不用了解学习这些的意义，已经可以自如运用到生活中了！

所以，我们完全不需要对誓言法的内容做理性推敲、理论分析。

在这里，我还要重申一下誓言练习的目的，它不是为了提升我们的思辨能力，而是通过“以音消音法”，输入与负面消极思想相对应的积极正面思想，发挥“中和作用”，让人的心理收获平静，萌发并生成积极思维模式，从而改变我们的潜意识。

也许你已经了解了潜意识的相关理论，但就这个练习方法来说，你只需要背下来，不需要思考它的含义，更不需要搞理论研究，就只是简单、重复练习就可以了。

因此，现在请把自己当成刚刚学语的小孩，不加思考，勤奋练习，这就是这个方法的练习要求。

我们的坚持就像花农养花一样。花农并不会因为哪天心情不好就不去施肥浇水了，也不会因为哪天花长得慢就给它拔高。花农所做的就只是有规律地杀虫、施肥、浇水，剩下的就交给时间，静待花开。

那我们心理调整也一样，也是一个静待花开的过程。

所以，你需要在整个自我训练期间，就只是专注练习，不去追求任何效果、任何感受，不做任何对比。

坚持下去，好好练习，静待花开！

第三节 深化练习

这个深化练习，是在练习完 14 天的观息法和誓言法后进行的，相信你现在已经可以很好地应对生活中的情绪问题了，但学无止境，在这里，我还会给你一个深化练习的建议，那就是通过“随时观呼吸”练习和“观感受”练习，进行心灵品质的提升。

“随时观呼吸”和“观感受”两个练习，在前面章节已有详细介绍，你可以随时找到相关内容反复阅读，熟记于心。

前面我们讲过“随时观呼吸”练习和“观感受”练习，都是需要在练习一段时间静坐观息法后，再进行练习的，也就是说，我们通过练习观息法已经掌握了观息法的练习要领，也有了一定的觉知能力和平等心，这时，我们便能开始做“随时观呼吸”和“观感受”练习了。

深化方案就是，誓言法可以从所有誓言内容中，挑选出你读得最有感觉的 5 句继续进行练习。观息法则要升级为“观感受”练习。生活中再加入“随时观呼吸”的练习。

具体练习要求

1. 誓言法练习，从 10 句誓言内容中挑出 5 句，如果想选择的誓言少于 5 句或多于 5 句也可以，但建议不要少于 3 句、不要超过 7 句。练习形式同之前练习形式，每天练习时间不要少于 1 小时。

2. 观感受练习，有了观息法的练习基础，我们就可以练习“观感受”了。每天早晚进行各 30 分钟的观感受练习，可以慢慢延长每次的练习时间，逐渐增加至每次 1 小时。

每次练习时，要从头到脚观察身体每一部分的感受，一部分一部分、一小块一小块地观察，从头到脚观察完一遍，再重复进行这样的观察，注意力如果跑掉了，就再拉回到身体的感受上，继续观察就可以了。就是这样一遍一遍地观察，不带任何评判、分析、联想，慢慢提升我们的平等心。

3. 随时观呼吸练习，练习两周观息法后，可以在生活中随时闭眼或睁眼进行随时观察呼吸的练习。每天练习时间至少保持 1 小时，可以先有规律地去做，比如早上 20 分钟，中午 20 分钟，晚上 20 分钟。然后，再有计划地打散在生活中随时观呼吸，练习时间累计越长越好。

增强信心的 5 个秘诀

为了增强你的信心，现在，我要告诉你 5 个增强练习效果的“秘诀”。这些“秘诀”都是我从事心理咨询工作以来的经验总结，在你开始进行这 14 天自我训练计划的时候，你需要每隔几天就熟悉一下它们，并牢记于心。这样，你就能在持续、正确的练习下，获得应有的收获。

1. 在练习期间，尽可能不要到网上查找有关焦虑的内容，避免受到负面暗示和对号入座；也尽可能减少接触焦虑群体。这并不是某种歧视。一方面，是避免信息交流时，观念的冲突使人容易陷入某种认知误区；另一方面是，“病友”之间的帮助往往是有限的，难免会在交流过程中相互对照症状，造成新的症状和困扰。

2. 在练习期间，不去寻找练习效果，不去寻找你所认为的“好”，不去验证你是否有进步。每一次的练习，都可以当作一次新的开始，不要与之前的练习做任何的对比。

3. 练习期间，少看“专业心理”方面的著作，避免某种专业说法的捆绑和束缚。只是专注地去练习，“不设目的”“不抱期待”。

4. 在你没有体验到一定的效果时，尽量不去与他人探讨你正在进行的这个自我训练。这是一种“保护”，避免不同的观点影响你对练习的信心。

5. 在练习期间所出现的情绪波动，是问题的显现和释放过程，也是成长的过程。这是方法的一部分，要接纳和允许这部分的出现。你要知道，“呈现即是疗愈，蜕变往往伴随痛苦”。

还记得《西游记》中，孙悟空出去化缘，总是会用金箍棒在地上画一个圈吗？唐僧只要在这个圈里，妖魔鬼怪就靠近不了唐僧。

同样的，以上 5 个秘诀就是孙悟空画的那个圈。牢记并时常复习，会增强你心灵的免疫力，让你顺利进行练习，并收获最佳的成果。